Benno Mohry

Besser in Mathematik

Differentialrechnung

Mit 28 S. Lösungsheft

Oberstufe

Cornelsen
SCRIPTOR

Der Autor:
Benno Mohry ist ein erfahrener Mathematiklehrer. Er war lange am Gymnasium tätig und unterrichtete viele Jahre an einem Studienkolleg.

Die in diesem Werk angegebenen Internetadressen haben wir überprüft (Redaktionsschluss: März 2009). Dennoch können wir nicht ausschließen, dass unter einer solchen Adresse inzwischen ein ganz anderer Inhalt angeboten wird.

www.cornelsen.de

Bibliografische Information:
Die Deutsche Bibliothek verzeichnet diese Publikation in der Deutschen Nationalbibliografie; detaillierte bibliografische Daten sind im Internet über http://dnb.ddb.de abrufbar.

Dieser Band folgt den Regeln der deutschen Rechtschreibung, die seit August 2006 gelten.

5. 4. 3. 2. 1. Die letzten Ziffern bezeichnen
13 12 11 10 09 Zahl und Jahr der Auflage.

Projektleitung: Stefan Giertzsch, Berlin
Redaktion: Angelika Fallert-Müller, Groß-Zimmern
Reihengestaltung: tiff.any GmbH, Berlin
Satz und Layout: Dagmar & Torsten Lemme, Berlin
Sachzeichnungen: Stefan Giertzsch, Berlin
Umschlagentwurf: Patricia Müller, Berlin
Druck und Bindearbeiten: orthdruk, Bialystok, Polen
Printed in Poland
ISBN 978-3-589-22945-1

Gedruckt auf säurefreiem Papier,
umweltschonend hergestellt aus chlorfrei gebleichten Faserstoffen.

Liebe Schülerin, lieber Schüler,

dieser Band der Reihe Besser in Mathematik hilft Ihnen, Ihre Kenntnisse im Fach Mathematik zu verbessern. Sie können gezielt Stoff nachholen und wiederholen, um sicherer zu werden!
Zu allen Bereichen des Mathematikunterrichts werden kleine Aufgaben angeboten, mit denen Sie selbstständig arbeiten können.

Die Schwerpunkte sind:
- ▷ Definitionen und Regeln kennen und anwenden,
- ▷ Aufgaben strukturieren und strategisch bearbeiten,
- ▷ Diagramme und Formeln erstellen und interpretieren,
- ▷ Zusammenhänge begründen und überprüfen.

Ein großer Lehrer, der Mathematiker Georg Polya, sagt: „Das Lösen von Aufgaben ist eine praktische Kunst wie Schwimmen oder Skilaufen oder Klavierspielen ...: Wer schwimmen lernen will, muss ins Wasser gehen, und wer Aufgaben lösen will, muss Aufgaben lösen." Erst wenn man das Gelesene eigenständig nachvollziehen kann, hat man es auch verstanden. Das gilt speziell für die angeführten Beispielaufgaben.

Die Texte und die Aufgaben in diesem Buch sind so ausgewählt und zusammengestellt, dass Ihnen die Bearbeitung möglichst leichtfällt.

Tipps

- ▶ Legen Sie sich ein eigenes Arbeitsheft zu, in das Sie schreiben.
- ▶ Sind Sie sich beim Lösen der Übungsaufgaben nicht ganz sicher, sehen Sie sich die Beispiele noch einmal genau an.
- ▶ Vergleichen Sie Ihre Ergebnisse mit dem Lösungsheft.
  Überprüfen Sie bei Fehlern immer genau, was Sie falsch gemacht haben. Berichtigen Sie Fehler.
- ▶ Am Ende eines jeden Kapitels können Sie in einem kleinen Test überprüfen, ob Sie den Stoff nun beherrschen. Wenn nicht, bearbeiten Sie die entsprechenden Aufgaben in einigen Tagen noch einmal.

Ich wünsche guten Erfolg und ein Stück jener Freude, die sich stets dann einfindet, wenn Aufgaben und Schwierigkeiten bewältigt sind.

Benno Mohry

1 WIE STEIL?

Was Sie schon können müssen:

- sich im kartesischen Koordinatensystem zurechtfincen: Punkte ins Koordinatensystem zeichnen, die Koordinaten von gezeichneten Punkten lesen
- wissen, was eine Funktion ist
- bei gegebener Funktionsgleichung eine Wertetafel erstellen
- zu einer Wertetafel den zugehörigen Graphen zeichnen
- Beziehungen zwischen Winkeln und Seitenverhältnissen im rechtwinkligen Dreieck kennen.

Darum geht es

- Gleichungen von linearen Funktionen aufstellen
- Steigung von Geraden mithilfe des Steigungsdreiecks bestimmen
- Steigungen nicht linearer Funktionen mithilfe von Geraden bestimmen

1.1 Gerade und Geradensteigung

Darum geht es

Eine Gerade g wird beschrieben durch eine lineare Funktionsgleichung, häufig in der expliziten Form $y = mx + n$.
n heißt ***y*-Achsenabschnitt** der Geraden und gibt an, an welcher Stelle die Gerade g die y-Achse schneidet.
m heißt **Steigung** oder **Anstieg** der Geraden und gibt an, wie steil die Gerade g ansteigt bzw. fällt.

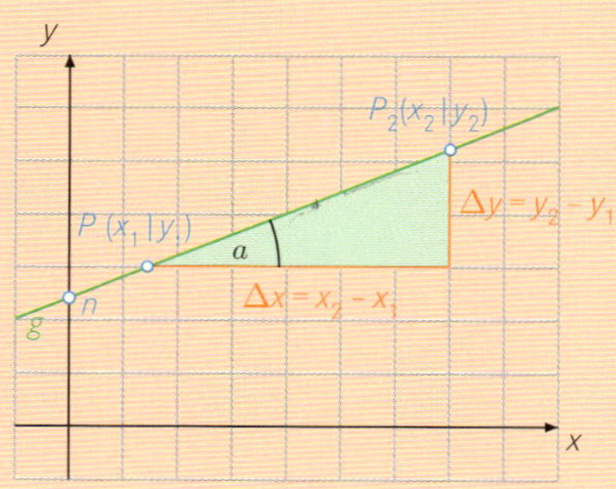

Steigungsdreieck

Sind $P_1(x_1 | y_1)$ und $P_2(x_2 | y_2)$ zwei Punkte der Geraden g, so lässt sich die Steigung aus dem Steigungsdreieck ablesen:

$$m = \frac{\text{Differenz der } y\text{-Koordinaten}}{\text{Differenz der } x\text{-Koordinaten}}$$

$$m = \frac{\Delta y}{\Delta x} = \frac{y_2 - y_1}{x_2 - x_1} = \frac{y_1 - y_2}{x_1 - x_2}$$

m ist also im **Steigungsdreieck** das Verhältnis von Gegenkathete zu Ankathete; für den Steigungswinkel α gilt deshalb auch: $m = \tan \alpha$.

Beispiel

Die Gerade g verläuft durch die Punkte $A(-2 \mid 4)$ und $B(4 \mid 1)$.

a) Wie steil ist g, d. h., welchen Anstieg hat die Gerade g?
b) Wie lautet ihre Funktionsgleichung?
c) Liegen die Punkte $C_1(8 \mid -1)$, $C_2(-10 \mid 7)$, $C_3(46 \mid -20)$ auf der Geraden g oder nicht?
d) Was lässt sich über Punkte der Geraden g aussagen, die in der Nähe von $D(12 \mid -3)$ liegen?
e) Die Gerade k ist parallel zu g und verläuft durch $E(2 \mid 3)$. Wie lautet ihre Gleichung?

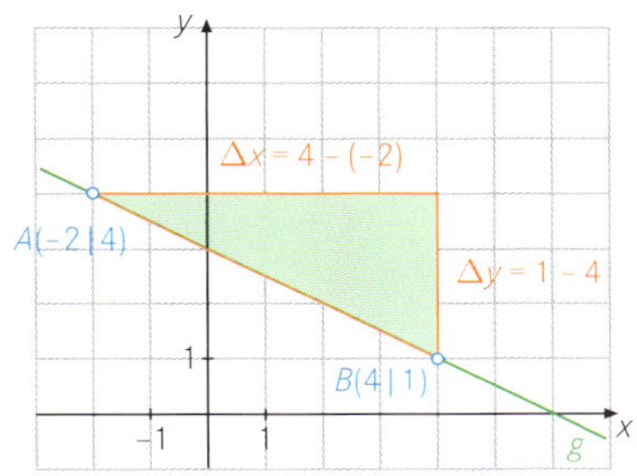

Zu a) Es ist: $m = \frac{\Delta y}{\Delta x} = \frac{1-4}{4-(-2)} = \frac{-3}{6} = -\frac{1}{2}$.
Der Anstieg ist negativ, die Gerade ist fallend.

Zu b) Die *Funktionsgleichung* ist von der Form: $y = mx + n$.
Es ist $m = -\frac{1}{2}$, d. h.: $y = -\frac{1}{2}x + n$.

Außerdem ist $A(-2 \mid 4) \in g$, d. h.: $4 = -\frac{1}{2}(-2) + n$, d. h., $n = 3$.

Die Gleichung von g: $y = -\frac{1}{2}x + 3$

Zu c) $C_1(8 \mid -1) \in g$, denn: $-1 = -\frac{1}{2} \cdot 8 + 3$ ist richtig.

$C_2(-10 \mid 7) \notin g$, denn: $7 = -\frac{1}{2}(-10) + 3$ ist falsch.

$C_3(46 \mid -20) \in g$, denn: $-20 = -\frac{1}{2} \cdot 46 + 3$ ist richtig.

Zu d) Wir untersuchen *rechte* und *linke* Nachbarn von $D(12 \mid -3)$.
Wir wählen stellvertretend einen rechten Nachbarn $D_r(x_r \mid y_r)$, es gilt:
$x_r = 12 + 0{,}01$ und $y_r = -\frac{1}{2}(12 + 0{,}01) + 3 = -3 - 0{,}005$
Wir wählen stellvertretend einen linken Nachbarn $D_l(x_l \mid y_l)$, es gilt:
$x_l = 12 - 0{,}01$ und $y_l = -\frac{1}{2}(12 - 0{,}01) + 3 = -3 + 0{,}005$
Der rechte Nachbar D_r liegt etwas tiefer, der linke Nachbar D_l etwas höher als D.
Die elegantere Untersuchung prüft einen beliebigen Nachbarn von D. Für jeden Nachbarn $D_n(x_n \mid y_n)$ gilt:
$x_n = 12 + \Delta x$ und $y_n = -\frac{1}{2}(12 + \Delta x) + 3 = -3 - \frac{1}{2}\Delta x$.

Für einen rechten Nachbarn ist $\Delta x > 0$, für einen linken Nachbarn ist $\Delta x < 0$.
An y_n erkennt man: Ein rechter Nachbar liegt etwas tiefer, ein linker etwas höher als D. Klar, denn man weiß doch auch, dass die Gerade g fallend ist.

Zu e) Wegen der Parallelität gilt für die Gerade k ebenfalls $m = -\frac{1}{2}$.
Es ist $m = -\frac{1}{2}$ und $E(2\,|\,3) \in k$, d. h.: $3 = -\frac{1}{2} \cdot 2 + n$, d. h., $n = 4$

Die Gleichung von k: $y = -\frac{1}{2}x + 4$

1 **Die folgenden Gleichungen beschreiben Geraden.**
Zeichnen Sie die zugehörigen Geraden in ein Koordinatensystem und geben Sie die Steigung jeder Geraden an. Vervollständigen Sie jeweils die fehlende Koordinate so, dass der Punkt auf der Geraden liegt.

a) $y = -3x + 4$
$A_1(2\,|\,\square)$, $A_2(20\,|\,\square)$,
$A_3(\square\,|\,2)$, $A_4(\square\,|\,0)$,

b) $y - 3 = \frac{3}{4}(x - 8)$
$B_1(2\,|\,\square)$, $B_2(20\,|\,\square)$,
$B_3(\square\,|\,2)$, $B_4(\square\,|\,0)$,

c) $5x + 2y = 4$
$C_1(2\,|\,\square)$, $C_2(20\,|\,\square)$,
$C_3(\square\,|\,2)$, $C_4(\square\,|\,0)$

2 **Die Gerade g ist bestimmt durch die Punkte $A(-4\,|\,5)$ und $B(2\,|\,-4)$.**

a) Zeichnen Sie die Gerade g in ein Koordinatensystem.
b) Zeichnen Sie ein Steigungsdreieck und bestimmen Sie die Steigung.
c) Geben Sie eine Gleichung für g an.
d) Wo schneidet g die x-Achse, wo die y-Achse?
e) Die Gerade p ist parallel zu g und verläuft durch $P(2\,|\,3)$. Zeichnen Sie p und geben Sie eine Gleichung für p an.

1.2 Steiler und flacher

Darum geht es

Geraden haben nichts Aufregendes und Überraschendes. Zwar mag ihre Gleichförmigkeit schal und monoton erscheinen: Einmal steigend, immer steigend! Einmal Steigung m, immer Steigung m! Klar, denn selbst die winzigste Änderung, und eine Gerade ist nicht mehr gerade! Und doch ist es genau diese Einfachheit, die Geraden so leicht kalkulierbar und so bedeutsam auch für unsere Kurven macht.
Wie anders die anderen Kurven! Hier ändert sich die Steigung fortwährend, wie bei einer Berg-und-Talfahrt. Wie lässt sich die Steigung messen, wenn sie sich so unbeständig und veränderlich gibt?

Die zugrunde liegende *Denk- und Lösungsstrategie* basiert auf:
1. der Einbeziehung der Umgebung,
2. der konsequenten Nutzung der Geraden,
3. der schrittweisen Verfeinerung und Verbesserung der provisorischen Lösung.

Beispiel

Wie steil ist der Graph $y = \frac{1}{x}$ exakt an der Stelle $x = 2$?
Eine *Wertetafel* verhilft zu einem ersten Überblick:

x	...	$\frac{1}{10}$	$\frac{1}{2}$	$\frac{1}{3}$	1	2	3	10	...
y	...	10	2	3	1	$\frac{1}{2}$	$\frac{1}{3}$	$\frac{1}{10}$	...

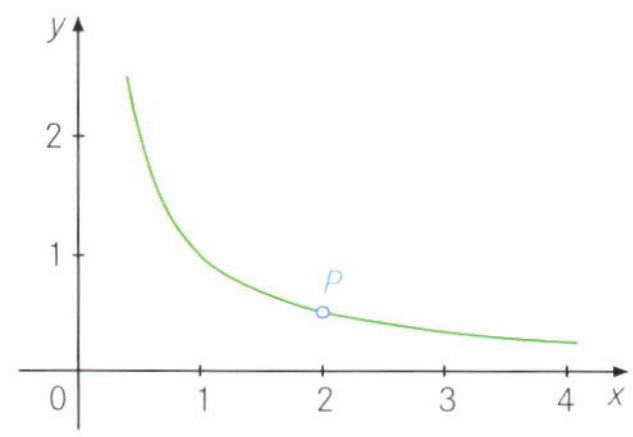

Man sieht: der Graph ist überall fallend, allerdings wird er mit zunehmendem x flacher und flacher.

1. **Einbeziehung der Umgebung**
   Wir wählen Nachbarpunkte von $P\left(2 \mid \frac{1}{2}\right)$, einen linken $P_{l1}\,(2 - 1 \mid 1)$ und einen rechten $P_{r1}\left(2 + 1 \mid \frac{1}{3}\right)$.
2. **Nutzung der Geraden**
   Die Gerade $P_{l1}\,P_{r1}$ liefert einen ersten vorläufigen Wert für die gesuchte Steigung des Graphen an der Stelle $x = 2$:

$$m_1 = \frac{\Delta y}{\Delta x} = \frac{\frac{1}{3} - 1}{3 - 1} = -\frac{1}{3} \approx -0{,}3333.$$

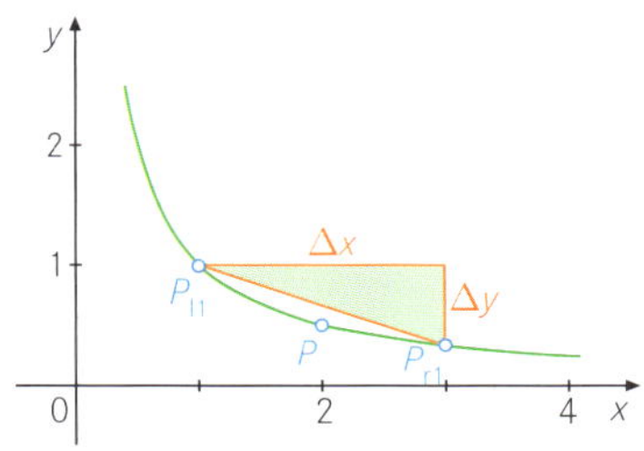

3. **Schrittweise Verfeinerung**
   Je dichter die *Nachbarpunkte* P_l, P_r und P liegen, desto genauer gibt $P_l\,P_r$ die Steigung m des Graphen an:
   a) $P_{l2}\left(2 - \frac{1}{2} \mid \frac{2}{3}\right)$, $P_{r2}\left(2 + \frac{1}{2} \mid \frac{2}{5}\right)$ ergeben den besseren Wert:

$$m_2 = \frac{\Delta y}{\Delta x} = \frac{\frac{2}{5} - \frac{2}{3}}{\frac{5}{2} - \frac{3}{2}} = -\frac{4}{15} \approx -0{,}2667.$$

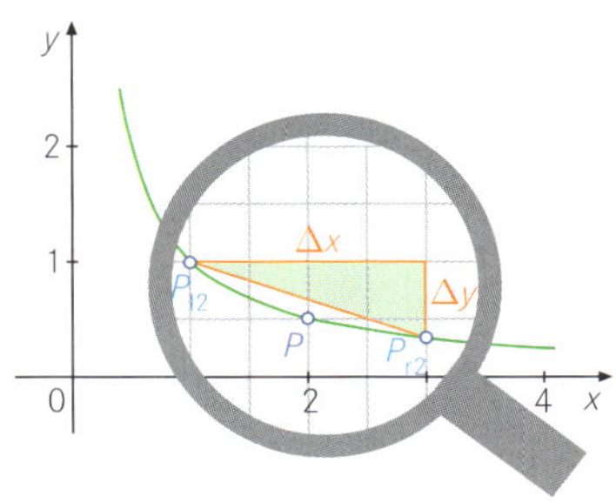

b) $P_{l3}\left(2 - \frac{1}{10} \middle| \frac{10}{19}\right)$, $P_{r3}\left(2 + \frac{1}{10} \middle| \frac{10}{21}\right)$ ergeben den noch besseren Wert:

$$m_3 = \frac{\Delta y}{\Delta x} = \frac{\frac{10}{21} - \frac{10}{19}}{\frac{21}{10} - \frac{19}{10}} = -\frac{100}{19 \cdot 21} \approx -0{,}2506.$$

c) ... und so weiter...

Dieses Verfahren hat Methode! Mit jedem Schritt kommt man der exakten Lösung näher. Die Steigung des Graphen bei $x = 2$, so scheint es, ist $m = -0{,}25$.

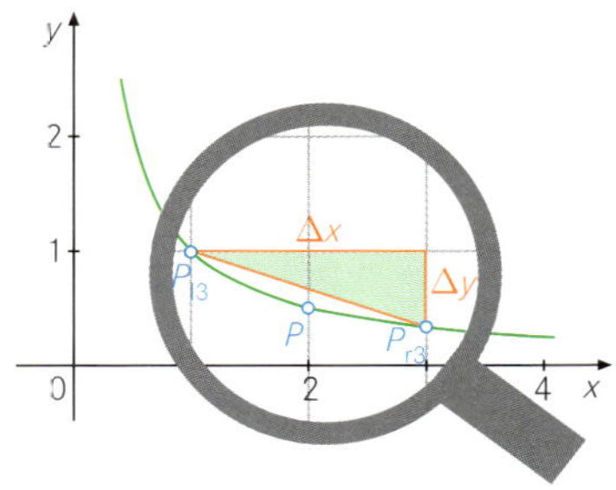

1 Der Graph zu $y = x^2$

a) Zeichnen Sie den Graphen zu $y = x^2$.

b) Es soll - näherungsweise - die Steigung des Graphen in $Q(1 \mid 1)$ berechnet werden. Wählen Sie wiederum linke und rechte Nachbarpunkte auf dem Graphen:

1. $L_1(1 - 1 \mid \quad)$, $R_1(1 + 1 \mid \quad)$. Welche Steigung hat die Gerade $L_1 R_1$?
2. $L_2\left(1 - \frac{1}{2} \mid \quad\right)$, $R_2\left(1 + \frac{1}{2} \mid \quad\right)$. Welche Steigung hat die Gerade $L_2 R_2$?
3. $L_3\left(1 - \frac{1}{10} \mid \quad\right)$, $R_3\left(1 + \frac{1}{10} \mid \quad\right)$. Welche Steigung hat die Gerade $L_3 R_3$?
4. $L_4\left(1 - \frac{1}{100} \mid \quad\right)$, $R_4\left(1 + \frac{1}{100} \mid \quad\right)$. Welche Steigung hat die Gerade $L_4 R_4$?
5. Wie steil ist der Graph demnach in $Q(1 \mid 1)$?

Test Kapitel 1

1 Untersuchen Sie, welche der angegebenen Punkte |9|

a) auf der Geraden g, b) über der Geraden g, c) unter der Geraden g liegen.

$g: y = \frac{1}{2}x - \frac{7}{2}$	$A(-9 \mid -8)$	$B(-4 \mid -5)$	$C(5 \mid -2)$	$D\left(13 \mid \frac{5}{2}\right)$	$E(111 \mid 51)$
auf g					
über g					
unter g					

2 **Geben Sie die Funktionsterme an, die zu den abgebildeten Geraden *a*–*e* gehören.** |5|

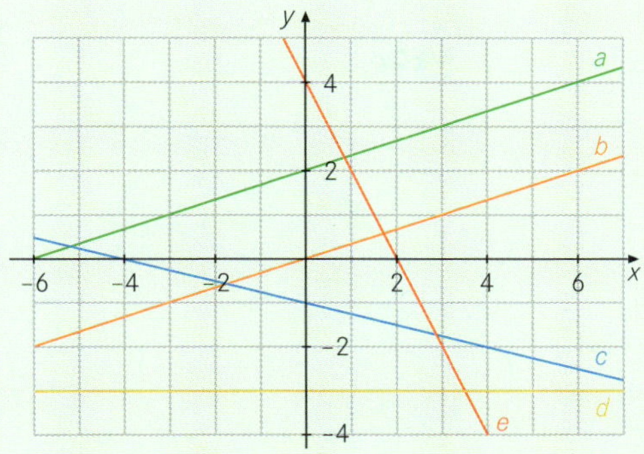

3 **Überlegen Sie.** |3|

Ein 8 × 8-Quadrat wird wie abgebildet in 4 Teile zerschnitten. Man legt die 4 Teile zu einem 5 × 13-Rechteck zusammen. Aus 8 × 8 = 64 ist 5 × 13 = 65 entstanden. Wie ist das möglich?

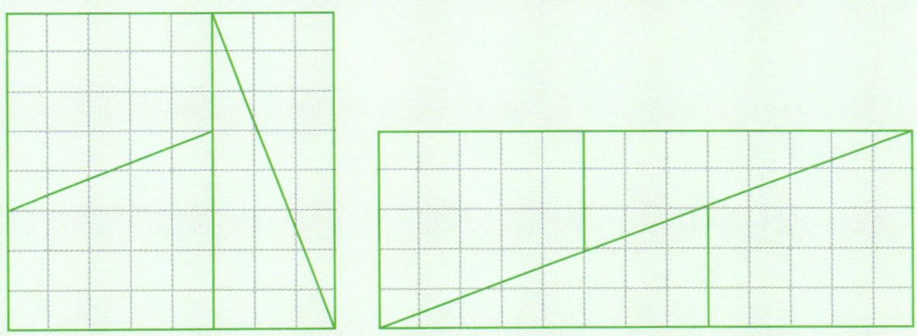

4 **Die Funktion *f* ist gegeben durch $y = \frac{1}{2}x + \frac{1}{x}$.** |12|

a) Vervollständigen Sie die Wertetafel

x	−10	−8	−6	−4	−2	−1	$-\frac{1}{2}$	0	$\frac{1}{2}$	1	2	4	6	8	10
y	−5,1							–		1,5					

b) Skizzieren Sie den zugehörigen Graphen.

c) Bestimmen Sie aus der Zeichnung, wie steil der Graph an der Stelle $x = 1$ ist.

d) Wählen Sie zu $P(1 \mid 1{,}5)$ Nachbarpunkte, „pirschen" Sie sich dichter und dichter an P heran, berechnen Sie die Sekantenanstiege und ermitteln Sie rechnerisch, wie steil der Graph bei $x = 1$ ist.

||29||

Wie viele Punkte haben Sie? Erreichen Sie mehr als 23 Punkte, beherrschen Sie den Inhalt des Kapitels wirklich gut. Erreichen Sie weniger als 12 Punkte, dann sollten Sie dieses Kapitel wiederholen.

2 GRENZWERTE

Was Sie schon können müssen:

- ▷ Rechenfertigkeit – sie ist unumgänglich!
- ▷ Ein guter Blick für den Trend bei Zahlenkolonnen – er ist überaus hilfreich!
- ▷ Und auch hier: grundlegende Fertigkeiten im Umgang mit Funktionen: Erstellen von Wertetafeln, Zeichnen von Graphen ...

Darum geht es

- Grenzwerte von Zahlenfolgen ermitteln
- Grenzwerte von Funktionen bestimmen

2.1 Unendlich und doch endlich

Beispiel

Wir addieren: $a_1 = 1 + \frac{1}{2}$,

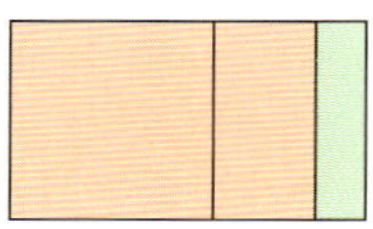

und addieren: $a_2 = 1 + \frac{1}{2} + \frac{1}{4}$,

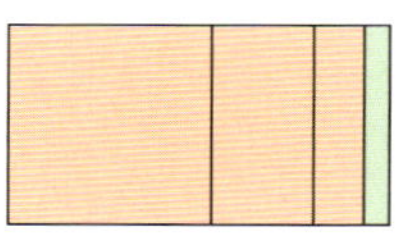

und weiter: $a_3 = 1 + \frac{1}{2} + \frac{1}{4} + \frac{1}{8}$,

und noch weiter: $a_{10} = 1 + \frac{1}{2} + \frac{1}{4} + \frac{1}{8} + \frac{1}{16} + \frac{1}{32} + \frac{1}{64} + \frac{1}{128} + \frac{1}{256} + \frac{1}{512} + \frac{1}{1024}$

...

immer weiter: $a_n = 1 + \frac{1}{2} + \frac{1}{4} + \frac{1}{8} + \frac{1}{16} + \ldots + \frac{1}{2^n}$

...

endlos weiter: $a = 1 + \frac{1}{2} + \frac{1}{4} + \frac{1}{8} + \frac{1}{16} + \ldots + \frac{1}{2^n} + \ldots$

Info Die Folge der Summen $a_1, a_2, a_3, \ldots, a_{10}, \ldots, a_n, \ldots$ hat von Schritt zu Schritt mehr Summanden, schließlich werden es endlos viele. Die Summen werden größer und größer, sie hören nicht auf zu wachsen.

Und dennoch: Die Summen werden keineswegs beliebig groß! Sie streben der Zahl 2 zu und stabilisieren sich bei diesem Wert.
Man erkennt dies auf unterschiedliche Weise:

1. grafisch

Die Bilderfolge veranschaulicht dieses endlose Summieren.

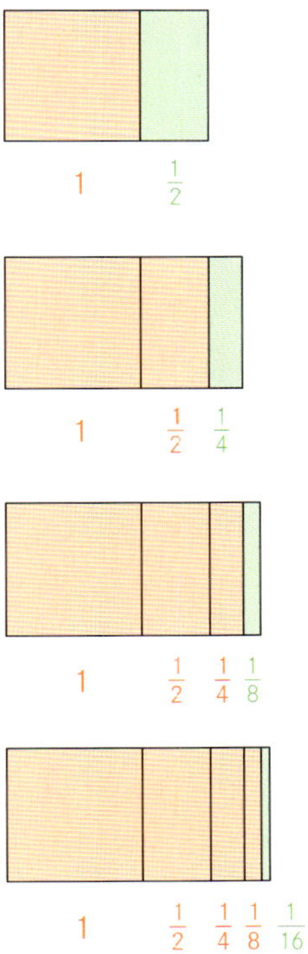

Sie zeigt: Die Summen rücken dem Wert 2 beliebig dicht auf den Pelz!

2. rechnerisch

Mit einem Taschenrechner erhält man rasch die ersten Folgenglieder:

$a_1 = 1{,}5$
$a_2 = 1{,}75$
$a_3 = 1{,}875$
$a_4 = 1{,}9375$
$a_5 = 1{,}9688$
$a_6 = 1{,}9844$
$a_7 = 1{,}9922$
$a_8 = 1{,}9961$
$a_9 = 1{,}9980$
$a_{10} = 1{,}9990$
...

Man erkennt: Die Summen streben auf 2 zu.

3. begründend

Bilder und Zahlen können täuschen! Aber sie helfen, die Folgenglieder in ganz anderer Gestalt zu sehen:

$a_1 = 2 - \frac{1}{2}$

$a_2 = 2 - \frac{1}{4}$

$a_3 = 2 - \frac{1}{8}$

...

$a_{10} = 2 - \frac{1}{1024}$

...

$a_n = 2 - \frac{1}{2^n}$

Man erkennt auch hier:
Die Summen unterscheiden sich – wenn nur weit genug addiert wird – beliebig wenig von 2.

Merke Eine Zahlenfolge $a_1, a_2, a_3, \ldots, a_{10}, \ldots, a_n, \ldots$ mit diesen Eigenschaften heißt **konvergent**, und die Zahl 2 nennt man ihren **Grenzwert**.

Grenzwert einer Zahlenfolge

Für den allgemeinen Fall bedeutet dies:
Die Zahl a heißt Grenzwert der Folge $a_1, a_2, a_3, a_4, \ldots, a_{10}, \ldots, a_n, \ldots$ wenn die Folgenglieder $a_1, a_2, a_3, a_4, \ldots, a_{10}, \ldots, a_n, \ldots$ mit zunehmendem n der Zahl a beliebig nahe kommen.
Mit anderen Worten: Die Zahl a heißt Grenzwert, wenn sich für hinreichend große n die Folgenglieder a_n von a um beliebig wenig unterscheiden.
Man schreibt dafür: $a_n \to a$ falls $n \to \infty$
oder auch: $\lim\limits_{n \to \infty} a_n = a$.

1 Endloses Teilen

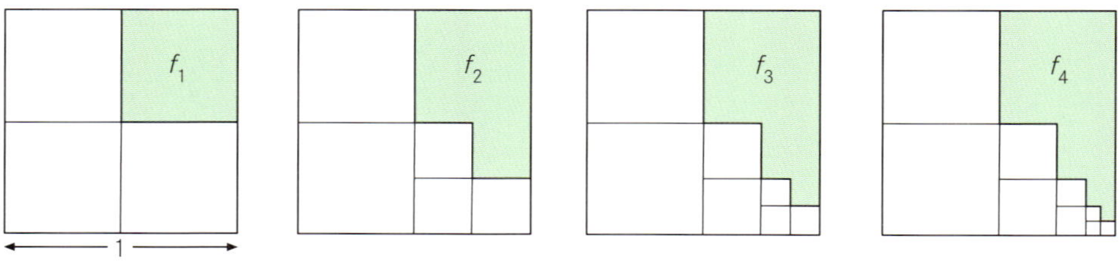

Ein Quadrat – es wird geviertelt und ein Viertel abgeschnitten. Ein Teilquadrat wird geviertelt und ein Viertel abgeschnitten. Wieder wird geviertelt und ein Viertel abgeschnitten. Und wieder …

a) Beschreiben Sie formelmäßig die Summen jener Flächeninhalte $f_1, f_2, f_3, f_4, f_5, \ldots, f_{17}, \ldots, f_n$, die nach 1, 2, 3, 4, 5, …, 17, …, n Schritten abgeschnitten wurden.
b) Berechnen Sie diese Inhalte mit dem Taschenrechner. Die Zahlenergebnisse zeigen: Diese Inhalte nehmen ständig zu. Auf welchen Wert steuern sie zu?
c) Die Inhalte lassen sich als Differenzen schreiben:

$$f_1 = \frac{1}{4} = \frac{1}{3} - \frac{1}{3 \cdot 4};\ f_2 = f_1 + \frac{1}{4^2} = \frac{1}{3} - \frac{1}{3 \cdot 4^2};\ \text{usw.}$$

Stellen Sie $f_3, f_4, f_5, \ldots, f_{17}, \ldots, f_n$ in dieser Form dar.

Begründen Sie, dass $f = \frac{1}{3}$ Grenzwert dieser Folge ist.

d) Statt mit dem oberen rechten Viertelquadrat zu beginnen und nach rechts fortzufahren, beginnt man links und fährt nach links fort. Begründen Sie geometrisch, dass $f = \frac{1}{3}$ Grenzwert der Folge ist.

2.2 Grenzwerte bei Funktionen

Darum geht es

Die Funktion f mit $f(x) = \frac{x^3 + x}{x}$ hat bei $x = 0$ eine Besonderheit: Sie ist dort nicht definiert, weil dort der Nenner 0 ist. Wie verhält sich f, wenn man sich $x = 0$ annähert?

Beispiel

Wir untersuchen das Verhalten der Funktion $f(x) = \frac{x^3 + x}{x}$ bei $x = 0$ auf drei unterschiedliche Arten:

1. grafisch

Der Graph von f – fast eine Parabel!

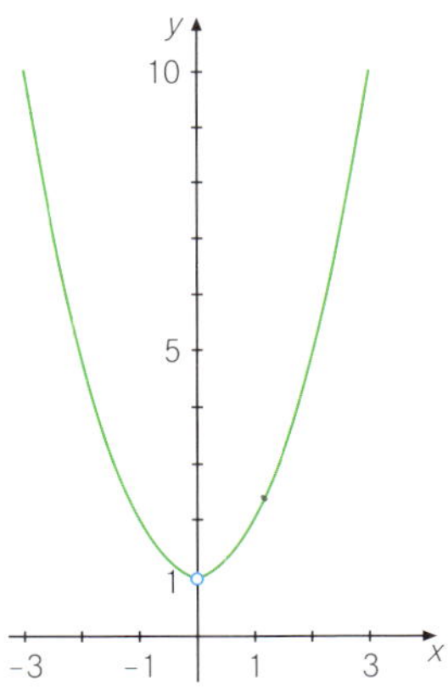

Man erkennt: Gleichgültig, ob man sich von rechts oder links der Stelle $x = 0$ nähert, die Funktionswerte steuern dem Wert 1 zu; d. h.: $f(x) \to 1$ für $x \to 0$ oder $\lim\limits_{x \to 0} f(x) = 1$.

2. rechnerisch

Der Taschenrechner hilft, Funktionswerte in der Nähe von $x = 0$ zu berechnen:

	x	$f(x)$
von links ↓	1	2
	0,5	1,25
	0,1	1,01
	0.01	1,0001
	0,001	1,000001
	...	...
von rechts ↑	−0,001	1,000001
	−0,01	1,0001
	−0,1	1,01
	−0,5	1,25
	−1	2

Man erkennt: Je näher x an 0 heranrückt, desto näher rückt $f(x)$ an 1 heran; d. h.: $f(x) \to 1$ für $x \to 0$ oder $\lim\limits_{x \to 0} f(x) = 1$

3. begründend

Geschickte Umformungen helfen, das Verhalten der Funktionen in der Nähe von 0 abzuschätzen fast ohne Rechnung!

$f(x) = \frac{x^3 + x}{x}$

$= \frac{x}{x}(x^2 + 1)$

und für $x \neq 0$:

$= x^2 + 1$

Ist x eine Zahl dicht an 0, dann ist auch x^2 eine Zahl dicht an 0.

Das bedeutet:
$f(x) \to 1$ für $x \to 0$ oder

$$\lim_{x \to 0} f(x) = \lim_{x \to 0} \frac{x^3 + x}{x} = \lim_{x \to 0} (x^2 + 1) = 1$$

Grenzwert von Funktionen

Die im vorangestellten Beispiel dargelegten Methoden stehen für viele:

- Grenzwerte von Funktionen können häufig bereits durch sorgfältig gezeichnete Graphen erahnt werden.
- Grenzwerte von Funktionen können durch „Heranpirschen“ an die interessierende Stelle rechnerisch erkannt werden.
- Grenzwerte von Funktionen können schließlich durch geeignete, der Problemstellung angepasste Umformungen abgeschätzt werden. Die Methode ist die anspruchsvollste, aber auch die zuverlässigste und sicherste Methode; denn Bilder und Zahlenreihen können täuschen.

1 **Ermitteln Sie Grenzwerte der dargestellten Funktionen, wenn sich x einmal von rechts, einmal von links der Stelle 2 nähert.**

a) 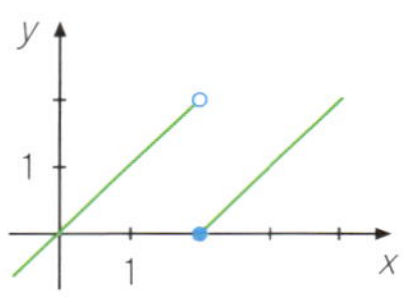

b) 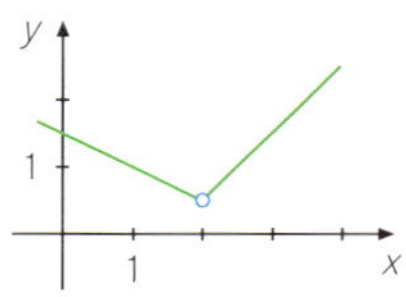

c) 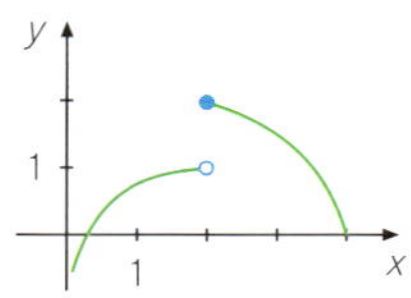

2 **Es ist $f(x) = \frac{x^2 - 9}{x - 3}$. Bestimmen Sie den Grenzwert von f für $x \to 3$, indem Sie**

a) den Graphen von f im Bereich $[0 \mid 6]$ zeichnen.

b) $f(3{,}1)$, $f(3{,}01)$, $f(3{,}001)$, ..., $f(2{,}89$, $f(2{,}99)$, $f(2{,}999)$ berechnen.

c) den Funktionsterm geeignet umformen.

3 **Bestimmen Sie folgende Grenzwerte.**

a) $\lim\limits_{x \to 1} \frac{x^2 + 1}{x^2 - 1}$ b) $\lim\limits_{x \to 0} \frac{x^2 + 1}{x^2 - 1}$ c) $\lim\limits_{x \to \infty} \frac{x^2 + 1}{x^2 - 1}$

Test Kapitel 2

1 Grenzwerte – die linksseitigen wie die rechtsseitigen – lassen sich häufig aus den Graphen der betreffenden Funktionen direkt erkennen und ablesen. | 15 |

a) Geben Sie von den nachfolgenden Funktionen an den „kritischen Stellen“ die beidseitigen Grenzwerte an.

b) Begründen Sie Ihre Angaben, indem Sie sich an diese Stellen rechnerisch „heranpirschen“ – von rechts, von links.

Funktionsterm	$a(x) = \frac{\lvert x\rvert}{x}$	$b(x) = \frac{\lvert x\rvert}{x} + \frac{\lvert x-1\rvert}{x-1}$
Graph	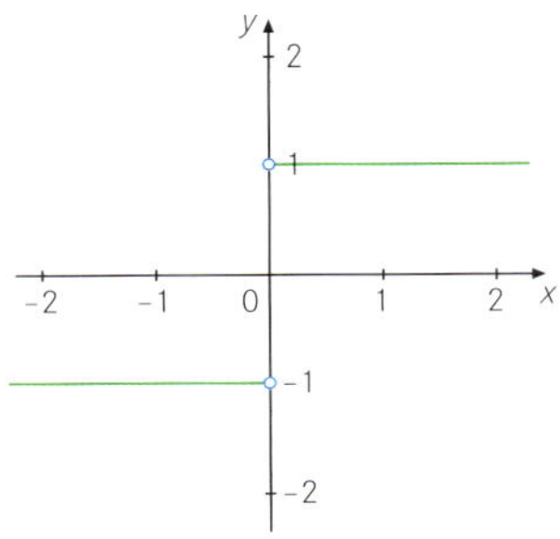	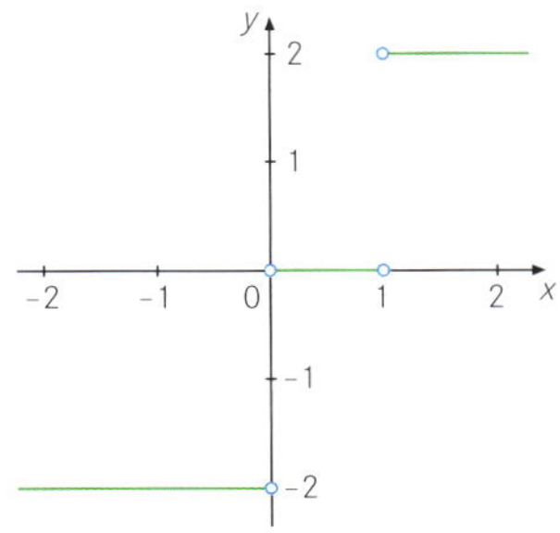
Rechtsseitiger Grenzwert	$\lim\limits_{x \to 0^+} a(x) =$	$\lim\limits_{x \to 2^+} b(x) =$
Linksseitiger Grenzwert	$\lim\limits_{x \to 0^-} a(x) =$	$\lim\limits_{x \to 2^-} b(x) =$

$c(x) = x^2 - \frac{\lvert x\rvert}{x}$	$d(x) = \frac{1}{x + \frac{\lvert x\rvert}{x}}$	$e(x) = \frac{1}{2} \cdot \lvert x^2 - 4\rvert$
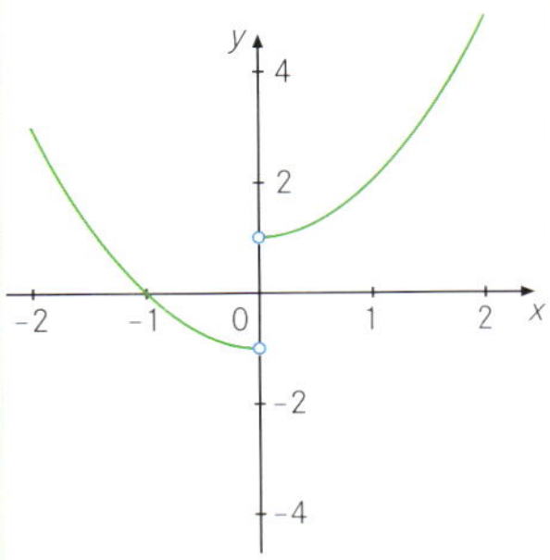	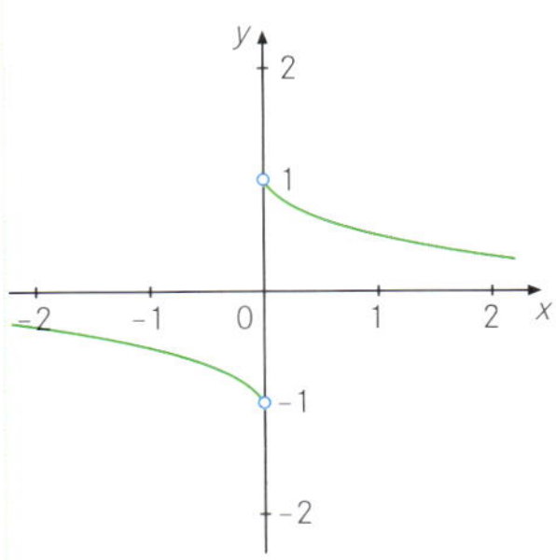	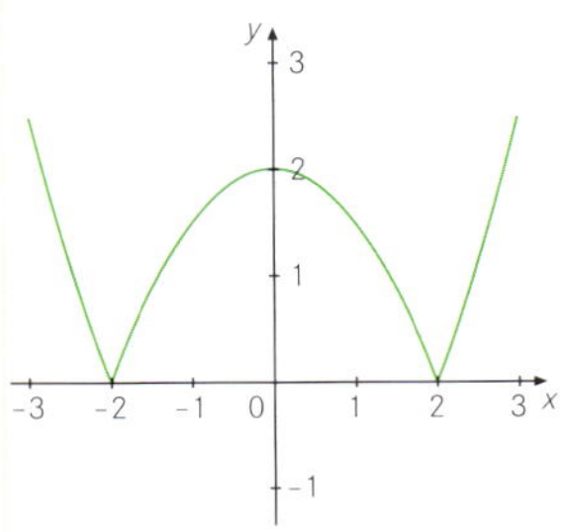
$\lim\limits_{x \to 0^+} c(x) =$	$\lim\limits_{x \to 0^+} d(x) =$	$\lim\limits_{x \to 2^+} e(x) =$
$\lim\limits_{x \to 0^-} c(x) =$	$\lim\limits_{x \to 0^-} d(x) =$	$\lim\limits_{x \to 2^-} e(x) =$

2 **Die nachfolgenden Zahlenfolgen sind durch ihr Bildungsgesetz bestimmt.** | 15 |
Untersuchen Sie, welche der Folgen konvergent sind und welche nicht.
Geben Sie bei den konvergenten Folgen jeweils den Grenzwert an.

Folge	$a_n = \frac{1000}{n}$	$b_n = \frac{1}{n} + (-1)^n$	$c_n = \frac{n + \frac{(-1)^n}{2}}{n+1}$
Konvergent			
Nicht konvergent			
Grenzwert			

Folge	$d_n = \frac{\frac{1}{n} - \frac{1}{n^2}}{\frac{1}{n} + \frac{1}{n^2}}$	$e_n = \frac{(-1)^n n}{n+5}$
Konvergent		
Nicht konvergent		
Grenzwert		

3 **Es ist $a_1 = \frac{1}{3}$; $a_2 = \frac{2}{5}$; $a_3 = \frac{3}{7}$; $a_4 = \frac{4}{9}$; $a_5 = \frac{5}{11}$; $a_6 = \frac{6}{13}$; ...; $a_{17} = \frac{17}{35}$; ...** | 9 |

a) Geben Sie a_7; a_8; a_{10}; a_{100}; a_{1996}; a_n in Bruchschreibweise an.

b) Berechnen Sie a_1; a_2; a_3; a_4; a_5; a_6; a_{10}; a_{100}; a_{1996} mit dem Taschenrechner. Die Rechenergebnisse lassen den Grenzwert der Folge erahnen. Wie heißt er?

c) Formen Sie a_n geeignet um und bestimmen Sie den Grenzwert der Folge.

4 **Die Funktion *f* ist stückweise definiert.** | 9 |
Es ist

1. $f(x) = \frac{1}{x+1}$ für $x > 0$ 2. $f(x) = 0$ für $x = 0$ 3. $f(x) = \frac{1}{x-1}$ für $x < 0$

a) Die Stelle $x = 0$ – das lässt bereits die Definition vermuten – verdient besondere Aufmerksamkeit. Untersuchen Sie die Grenzwerte von $f(x)$, wenn Sie sich von rechts bzw. von links an $x = 0$ „heranpirschen", d. h., bestimmen Sie $\lim_{x \to 0^+} f(x)$ sowie $\lim_{x \to 0^-} f(x)$.

b) Bestimmen Sie die Grenzwerte für sehr große $|x|$, d. h. $\lim_{x \to +\infty} f(x)$ sowie $\lim_{x \to -\infty} f(x)$.

c) Zeichnen Sie den Graphen von *f*.

|| 48 ||

Wie viele Punkte haben Sie? Erreichen Sie mehr als 38 Punkte, beherrschen Sie den Inhalt des Kapitels wirklich gut. Erreichen Sie weniger als 19 Punkte, dann sollten Sie dieses Kapitel wiederholen.

3 SEKANTEN UND TANGENTEN

Was Sie schon können müssen:

- ▷ Was heißt bergan, was heißt bergab?
- ▷ Was heißt steil, was flach?
- ▷ Was bedeutet Steigung, was Steigungsdreieck bei Geraden?
- ▷ Wie bestimmt sich Anstieg einer Geraden – zahlenmäßig?
- ▷ Wie bestimmen sich Grenzwerte?

Darum geht es

- ▶ die Steigung in einem Kurvenpunkt zeichnerisch und rechnerisch bestimmen
- ▶ die Ableitung einer Funktion an der Stelle x_0 berechnen
- ▶ die Differenzierbarkeit einer Funktion an der Stelle x_0 prüfen

3.1 Steigung in einem Kurvenpunkt

Darum geht es

Eine Gerade ist überall gleich steil – das macht die Geradensteigung so klar und einfach. Bei Kurven ändert sich die Steilheit unentwegt – das macht die Kurvensteigung so heikel und kompliziert.
Wir stellen als Erstes fest: Während einer Geraden eine und nur eine Steigung zukommt, ist jede andere Kurve mal steiler, mal flacher.
Zu einer Kurve gehören viele, meist unendlich viele verschiedene Steigungen, denn die Steigung einer Kurve ändert sich meist von Punkt zu Punkt.

Im Allgemeinen hat man einen sicheren Blick für Steigungen. Gleichgültig ob zu Fuß oder per Rad, ob im Auto oder im Flugzeug, man sieht und spürt sehr genau, ob es auf- oder abwärts geht, ob die Steigung stark oder schwach ist, ob sie sich fast unmerklich oder aber abrupt ändert.

Beispiel

Unser sicherer Blick lässt sich testen. Liest man die abgebildete Kurve – wie hierzulande allgemein üblich – von links nach rechts, dann erkennt man:

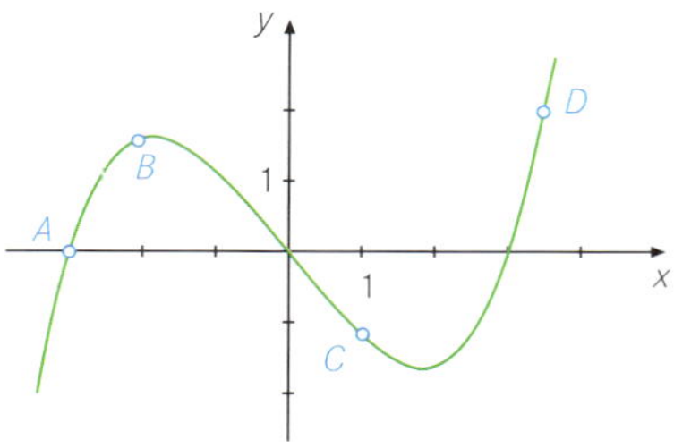

In A ist die Kurve steigend.
In B ist die Kurve flach steigend.
In C ist die Kurve fallend.
In D ist die Kurve sehr stark steigend.
Steigend – fallend, das ist wenig präzis! Wir wollen Steigungen zahlenmäßig erfassen, wie bei Geraden auch. Und so sind es auch Geraden, die uns voranbringen – gepaart mit einem Quäntchen Anschauung.

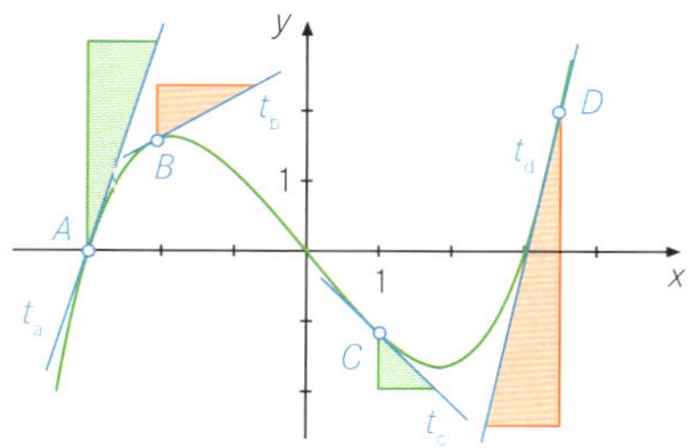

Die zweite Abbildung enthält zusätzlich Geradenstücke; nicht irgendwelche Geraden – es sind die *in A, B, C, D bestangepassten Geraden an die Kurve!*
So erhält man sie: Man legt z. B. durch B eine Gerade – irgendeine. Sie wird um B gedreht – recht, links. Unser Auge signalisiert untrüglich, in welcher Lage sich Gerade und Kurve bei B um möglichst wenig unterscheiden.
Eine solche Gerade ist die Tangente an die Kurve! Ihre Steigung lässt sich am Steigungsdreieck ablesen. Sie gibt an, wie steil die Kurve in diesem Punkt ist.
Wir erhalten:
Die Steigung der Kurve in A ist $m_A \approx 3$.
Die Steigung der Kurve in B ist $m_B \approx 0{,}5$.
Die Steigung der Kurve in C ist $m_C \approx -1$.
Die Steigung der Kurve in D ist $m_D \approx 4{,}5$.

Die Steigung ...

... einer Kurve im Punkt *P* bestimmt sich zeichnerisch wie folgt:

1. Man zeichnet eine Sekante durch P, das ist irgendeine Gerade durch P.
2. Man dreht die Sekante um P, bis sie in der Umgebung von P der Kurve „bestangepasst“ ist; die bestangepasste Gerade durch P ist die Tangente t in P.
3. Mit dem Steigungsdreieck wird die Tangentensteigung m_t festgestellt.
4. Die Tangentensteigung gibt die Steigung der Kurve im Punkt P an.

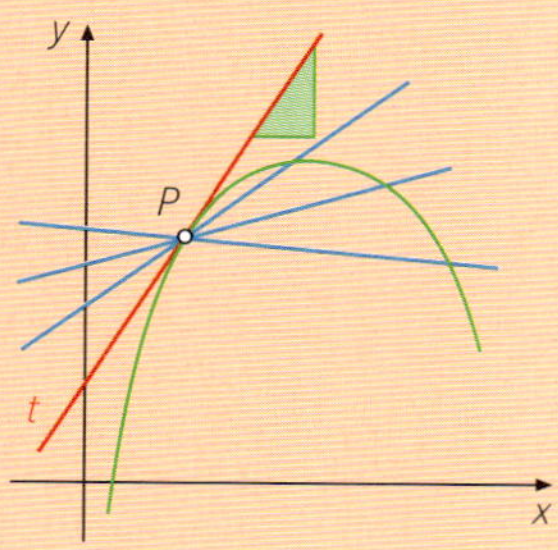

Beispiele

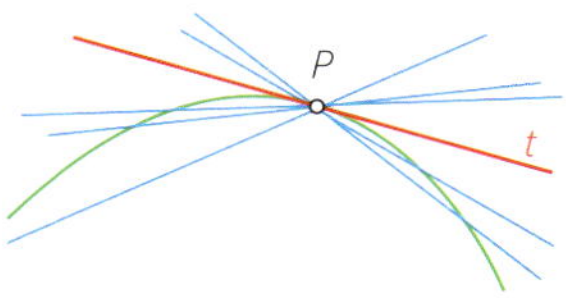

Eine Tangente, fünf Sekanten!

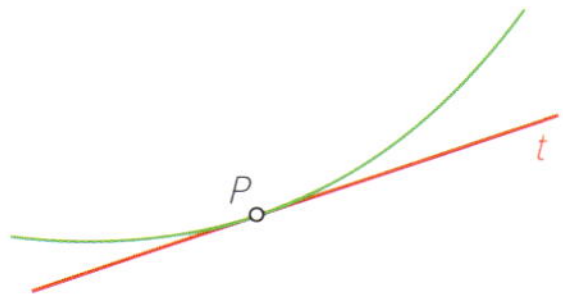

Tangente in P – jeder noch so geringe Dreh um P mindert die Übereinstimmung von Kurve und Gerade.

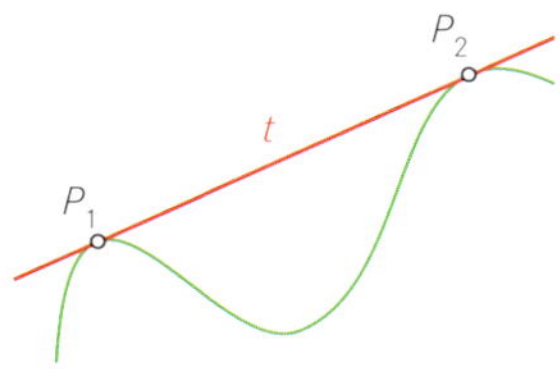

Tangente – sowohl in P_1 als auch in P_2.

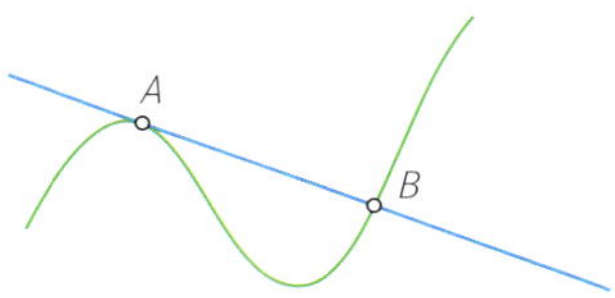

Tangente in A – Sekanten in B: Es kommt darauf an! Bestangepasst in A, unangepasst in B!

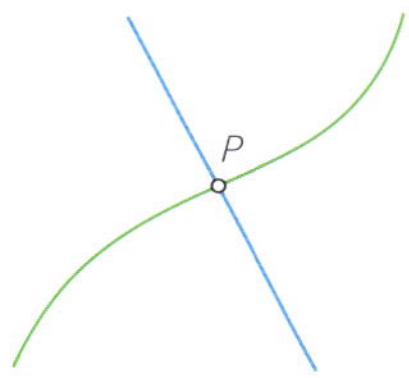

Sekanten durch P – unangepasst! Ein Dreh nach links macht sie angepasster!

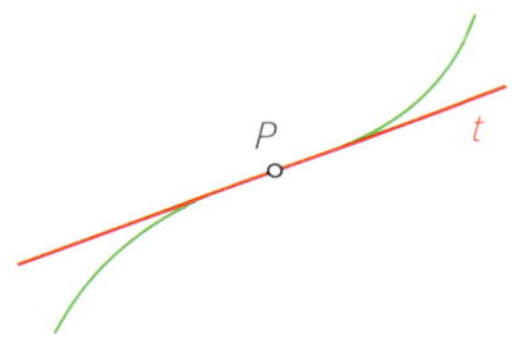

Tangente in P – bestangepasst! Jeder Dreh macht sie unangepasster!

1 **Geben Sie an, welche der Aussagen wahr (w) und welche falsch (f) sind.**

a) Die Tangente einer Kurve im Punkt P ist eine Gerade und hat in P die gleiche Steigung wie die Kurve. ☐

b) Die Tangente einer Kurve hat mit der Kurve nur einen einzigen gemeinsamen Punkt, den Berührungspunkt. ☐

c) Die Tangentensteigung bestimmt sich geometrisch aus dem Steigungsdreieck der Sekanten. ☐

d) Die Tangentensteigung bestimmt sich rechnerisch aus dem Grenzwert der Differenzenquotienten. ☐

e) Die Ableitung einer Funktion f an einer Stelle x_0 ist eine Zahl. ☐

3.2 Von Sekanten zur Tangente

Kurvenanstieg ist Tangentenanstieg!

Das Problem, die Steigung einer Kurve in einem Punkt P zu bestimmen, hat damit seine zeichnerische Lösung gefunden. Doch diese „Lösung“ krankt daran, dass die Tangente nach Gefühl und Augenmaß angepasst wird.

3 SEKANTEN UND TANGENTEN

Umwege sind keine Irrwege! Sie führen bisweilen bequemer und sicherer zum Ziel. Das Tangentenproblem ist ein Beispiel dafür. Über Jahrhunderte hinweg haben Mathematiker sich damit beschäftigt - nicht ganz ohne Erfolg. Es gelang ihnen, mal diesen, mal jenen Einzelfall zu lösen. Doch der große Wurf, das Tangentenproblem nach einheitlicher Methode und für alle Fälle zu lösen - er gelang lange, sehr lange nicht, bis FERMAT, ein Mathematiker im 17. Jahrhundert, eine geniale Idee hatte:
Er erlaubte sich, die Tangente über einen Umweg, die Sekante, zu erfassen.
Und mit genau jenem Quäntchen mehr legte FERMAT den Keim für jenen mächtigen Teilbereich der Mathematik, den wir heute **Differentialrechnung** nennen.

Darum geht es

Die Tangente in *P* wird auf dem Umweg über Sekanten ermittelt.

Von Sekanten zur Tangente

Schritt für Schritt wird eine „bessere“, weil angepasstere Sekante konstruiert.
Am Ende dieses Prozesses steht die Tangente; *die Tangente ist die Grenzlage der Sekanten.*

1. Man wählt auf der Kurve einen Nachbarpunkt P_1 von P und konstruiert die Sekante PP_1.

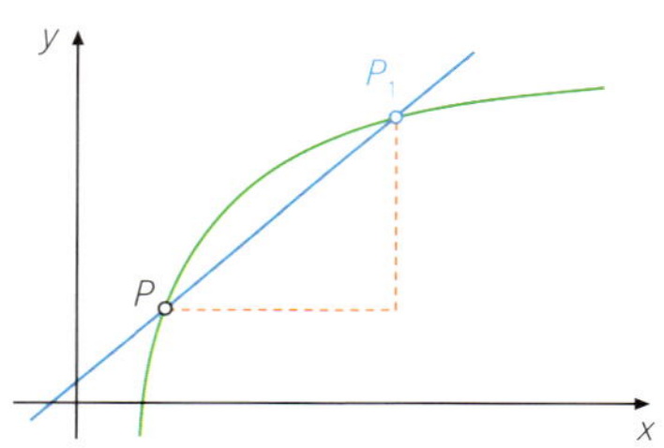

2. Man rückt längs der Kurve näher an P, von P_1 nach P_2. PP_2 ist eine *angepasstere* Sekante.

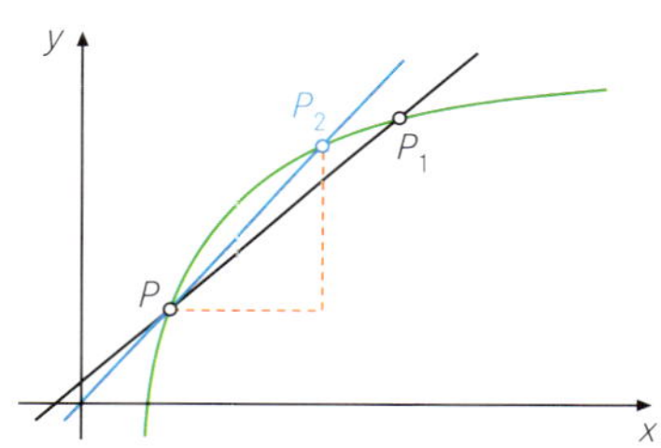

3. Man rückt längs der Kurve noch näher an P. PP_3 ist eine noch angepasstere Sekante.

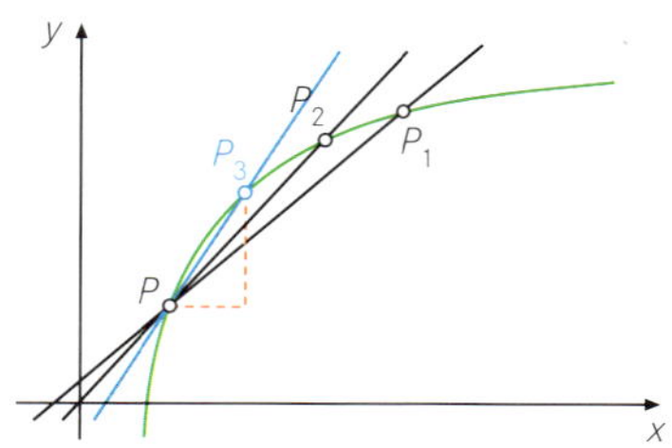

4. ... usw.

5. Gelingt es, das Ende dieses Prozesses abzusehen, dann ist es geschafft: Am Ende winken Tangente t und Tangentenanstieg m.

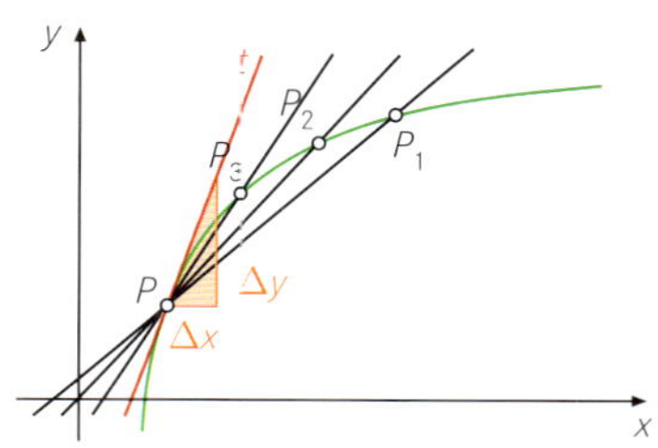

3.3 Die Ableitung

Darum geht es

FERMATS Idee ist eine generelle Methode, Tangenten bzw. Tangentensteigungen zu ermitteln:

- Sie garantiert, dass man Schritt für Schritt dichter an die Tangente heranrückt; noch dichter, als Zeichenwerkzeuge es erlauben; noch enger, als unser Vorstellungsvermögen es fasst!
- Und vor allem: Dieses Schritt-für-Schritt-Verfahren lässt sich rechnerisch begleiten. Es ermöglicht deshalb, Steigungen rechnerisch zu erfassen.

Wir veranschaulichen dies an einem Beispiel.

Beispiel

Eine Kurve ist bestimmt durch $f(x) = \frac{1}{4}x^2 - \frac{1}{2}$.
Gesucht ist ihre Steigung im Punkt $P(2\,|\,f(2))$.

Zeichnerische Lösung

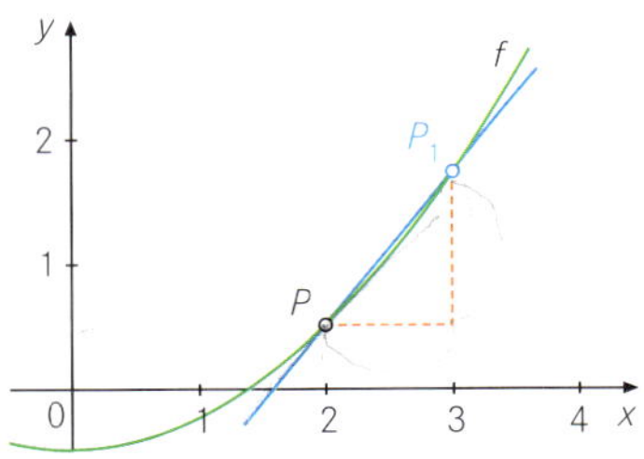

Der Start: Graph von f, der Punkt P, ein Nachbarpunkt P_1, die Sekante PP_1.

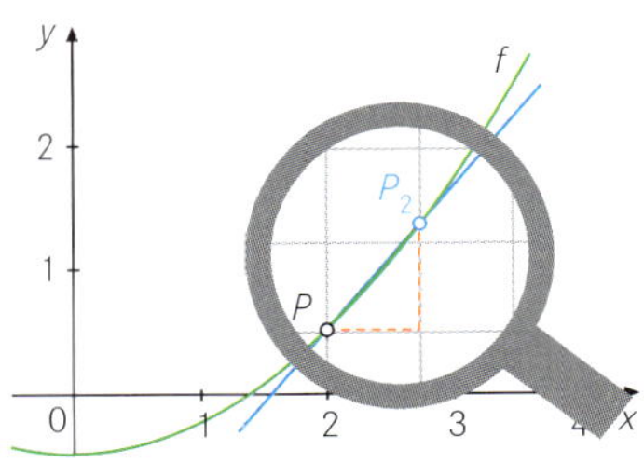

Die nächste Etappe: Der engere Nachbar P_2, die angepasstere Sekante PP_2 – durch die Lupe gesehen.

Rechnerische Lösung

Die Steigung der Sekante PP_1:

$$m_1 = \frac{\Delta y}{\Delta x} = \frac{f(2+1) - f(2)}{1}$$

$$= \frac{\left(\frac{1}{4}(2+1)^2 - \frac{1}{2}\right) - \left(\frac{1}{4}2^2 - \frac{1}{2}\right)}{1}$$

$$= \frac{\frac{1}{4}(4 \cdot 1 + 1^2)}{1}$$

$$= 1{,}25$$

Die Steigung der Sekante PP_2:

$$m_2 = \frac{\Delta y}{\Delta x} = \frac{f(2+0{,}1) - f(2)}{0{,}1}$$

$$= \frac{\left(\frac{1}{4}(2+0{,}1)^2 - \frac{1}{2}\right) - \left(\frac{1}{4}2^2 - \frac{1}{2}\right)}{0{,}1}$$

$$= \frac{\frac{1}{4}(4 \cdot 0{,}1 + 0{,}1^2)}{0{,}1}$$

$$= 1{,}025$$

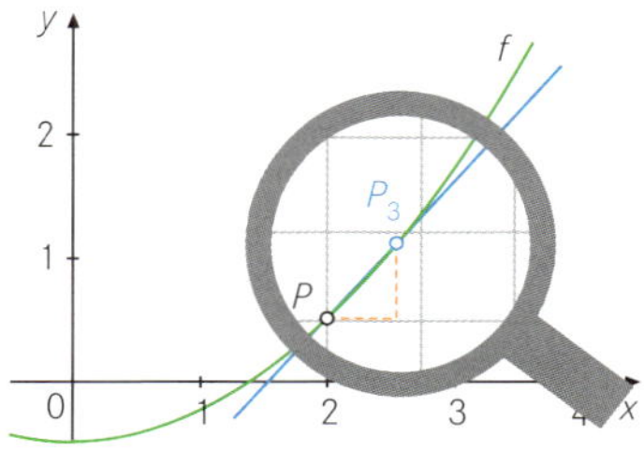

Die Steigung der Sekante PP_3:

$$m_3 = \frac{\Delta y}{\Delta x} = \frac{f(2 + 0{,}01) - f(2)}{0{,}01}$$

$$= \frac{\left(\frac{1}{4}(2 + 0{,}01)^2 - \frac{1}{2}\right) - \frac{1}{4}2^2 - \frac{1}{2}}{0{,}01}$$

$$= \frac{\frac{1}{4}(4 \cdot 0{,}01 + 0{,}01^2)}{0{,}01}$$

$$= 1{,}0025$$

Die nächste Etappe: Der noch engere Nachbar P_3, die noch angepasstere Sekante PP_3 – gesehen durch eine noch stärkere Lupe.

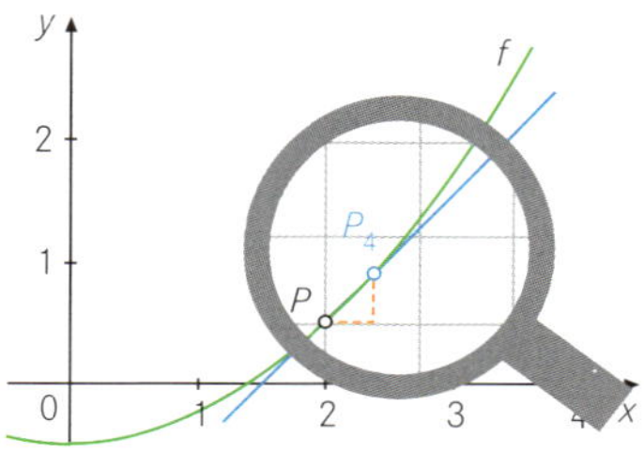

Die Steigung der Sekante PP_4:

$$m_4 = \frac{\Delta y}{\Delta x} = \frac{f(2 + 0{,}00001) - f(2)}{0{,}00001}$$

$$= \frac{\left(\frac{1}{4}(2 + 0{,}000\,01)^2 - \frac{1}{2}\right) - \left(\frac{1}{4}2^2 - \frac{1}{2}\right)}{0{,}000\,01}$$

$$= \frac{\frac{1}{4}(4 \cdot 0{,}000\,01 + 0{,}000\,01^2)}{0{,}00001}$$

$$= 1{,}0000025$$

Und die nächste Etappe: P_4 – dem Punkt P noch viel näher, PP_4 – dem Graphen noch viel angepasster.

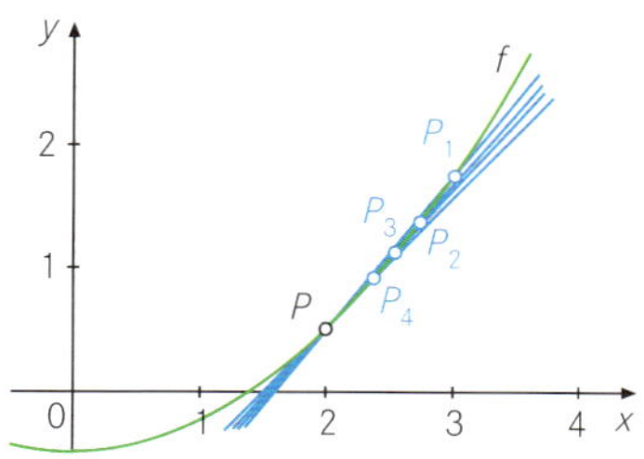

Dieser Prozess ist zwar endlos, dennoch ist klar erkennbar, wohin er führt:

- ▷ Die Sekanten neigen sich der Tangente zu.
- ▷ Die Sekantenanstiege steuern dem Tangentenanstieg zu.

$\frac{\Delta y}{\Delta x} = \frac{f(2 + \Delta x) - f(2)}{\Delta x} \to 1$ für $\Delta x \to 0$, d. h.:

Der Tangentenanstieg und damit auch der Anstieg des Graphen in $P\left(2 \mid \frac{1}{2}\right)$ ist $m_t = 1$.

Die elegantere Lösung

Das Verfahren ist langwierig und ermüdend, Schritt für Schritt die gleiche Rechnung! Das lässt sich mit einem Schlag erledigen, wie das folgende Beispiel zeigt.

Beispiel

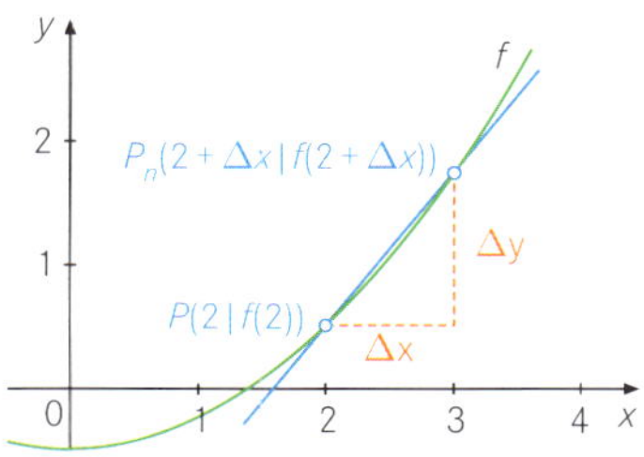

Der Graph von f, der Punkt $P(2 \mid f(2))$, der Nachbarpunkt $P_n(2 + \Delta x \mid f(2 + \Delta x))$ und die Sekante PP_n.

Die Steigung der Sekante PP_n:

$$m_n = \frac{\Delta y}{\Delta x} = \frac{f(2 + \Delta x) - f(2)}{\Delta x}$$

$$= \frac{\left(\frac{1}{4}(2 + \Delta x)^2 - \frac{1}{2}\right) - \left(\frac{1}{4}2^2 - \frac{1}{2}\right)}{\Delta x}$$

$$= \frac{\frac{1}{4}(4 \cdot \Delta x + \Delta x^2)}{\Delta x}$$

$$= 1 + \frac{1}{4}\Delta x$$

$P_n \to P$ bedeutet $\Delta x \to 0$. Bei diesem *Grenzprozess* steuern die Sekantenanstiege dem Tangentenanstieg zu; d. h.: $m_n \to m_t = m$ wenn $\Delta x \to 0$ oder

$$m_t = \lim_{\Delta x \to 0} \frac{\Delta y}{\Delta x} = \lim_{\Delta x \to 0} \left(1 + \frac{1}{4}\Delta x\right) = 1$$

Dieses Beispiel steht für viele. Wir halten als Ergebnis fest:

Die Ableitung

Die geometrische Methode, die Tangente an der Stelle x_0 mithilfe einer endlosen Kette von Sekanten zu konstruieren, lässt sich rechnerisch begleiten:

1. Man berechnet den Differenzenquotienten
$$\frac{\Delta y}{\Delta x} = \frac{f(x_0 + \Delta x) - f(x_0)}{\Delta x}.$$
2. Man formt den Differenzenquotienten um und verfolgt, wie er sich entwickelt, wenn Δx gegen 0 strebt.
3. Existiert dieser *Grenzwert*
$$f'(x_0) = \lim_{\Delta x \to 0} \frac{\Delta y}{\Delta x} = \lim_{\Delta x \to 0} \frac{f(x_0 + \Delta x) - f(x_0)}{\Delta x},$$
dann heißt die Funktion f an der Stelle x_0 **differenzierbar** und der *Grenzwert* $f'(x_0)$ heißt **Ableitung** von f an der Stelle x_0.
$f'(x_0)$ bedeutet den Anstieg der Tangente bzw. des Graphen in x_0.

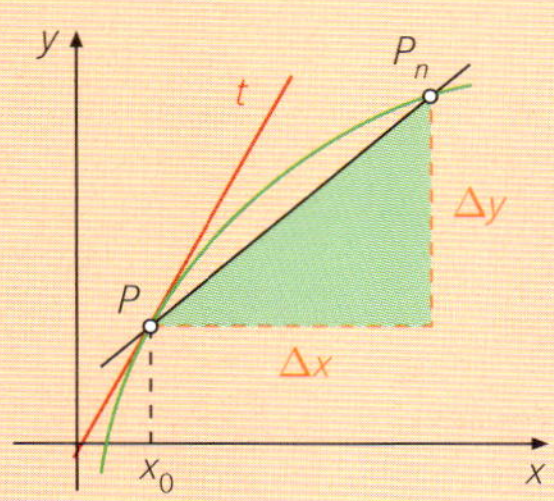

3.4 Differenzierbar – oder nicht differenzierbar?

Darum geht es

Differenzierbarkeit einer Funktion an einer Stelle x_0:

- Das bedeutet geometrisch, dass der zugehörige Graph an dieser Stelle x_0 eine eindeutige Tangente besitzt.
- Das bedeutet rechnerisch, dass der Grenzwert der entsprechenden Differenzenquotienten existiert.

Achtung Nicht jede Funktion ist differenzierbar – schon gar nicht an jeder Stelle!

Beispiel

Ist die Funktion f mit $f(x) = |4 - x^2|$ und $x \in \mathbb{R}$ differenzierbar?

Hinweis Ist ein Term nicht negativ, dann unterscheiden sich der Term und sein Betrag in keiner Weise; ist er jedoch negativ, dann erhält man seinen Betrag durch Vorzeichenumkehr. In unserem Beispiel ist $|4 - x^2| = 4 - x^2$ für $4 - x^2 \geq 0$ bzw. $|4 - x^2| = x^2 - 4$ für $4 - x^2 < 0$. Das bedeutet für f:

$$f(x) = \begin{cases} 4 - x^2 \text{ für } -2 \leq x \leq 2 \\ x^2 - 4 \text{ für } x < -2 \text{ oder } x > 2 \end{cases}$$

Zeichnung

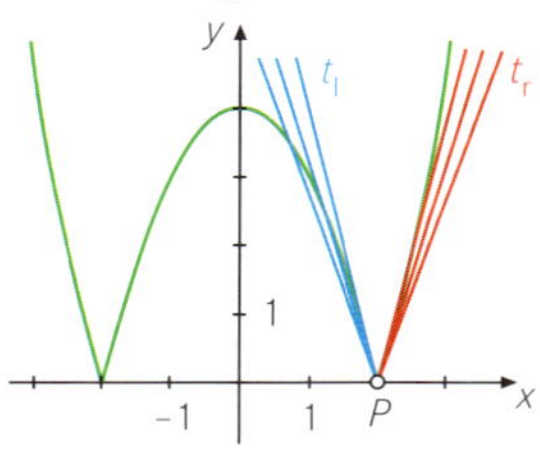

Der Graph zeigt: $P(2\,|\,0)$ ist ein besonderer, ein „kritischer" Punkt. Bei Annäherung an P von links stabilisieren sich die Sekanten in der Lage t_l; es ist $m_{tl} \approx -4$. Bei Annäherung an P von rechts stabilisieren sie sich in der Lage t_r; es ist $m_{tr} \approx +4$.

Rechnung

Rechts bzw. links von $x = 2$ ist mit unterschiedlichen Funktionstermen zu rechnen. Beim Grenzprozess $\Delta x \to 0$ sind $\Delta x > 0$ und $\Delta x < 0$ zu unterscheiden.

$$f(2 + \Delta x) = \begin{cases} (2 + \Delta x)^2 - 4 \text{ für } \Delta x > 0 \\ 4 - (2 + \Delta x)^2 \text{ für } \Delta x < 0 \end{cases}$$

$$f'(2) = \lim_{\Delta x \to 0} \frac{\Delta y}{\Delta x} = \begin{cases} \lim\limits_{\Delta x \to 0,\, \Delta x > 0} \frac{f(2 + \Delta x) - f(2)}{\Delta x} \\ \lim\limits_{\Delta x \to 0,\, \Delta x < 0} \frac{f(2 + \Delta x) - f(2)}{\Delta x} \end{cases}$$

$$f'(2) = \lim_{\Delta x \to 0} \frac{\Delta y}{\Delta x}$$

$$= \begin{cases} \lim\limits_{\Delta x \to 0,\, \Delta x > 0} \frac{[(2 + \Delta x)^2 - 4] - [4 - 2^2]}{\Delta x} \\ \lim\limits_{\Delta x \to 0,\, \Delta x < 0} \frac{[4 - (2 + \Delta x)^2] - [4 - 2^2]}{\Delta x} \end{cases}$$

$$f'(2) = \lim_{\Delta x \to 0} \frac{\Delta y}{\Delta x} = \begin{cases} \lim\limits_{\Delta x \to 0,\, \Delta x > 0} \frac{4\Delta x + \Delta x^2}{\Delta x} \\ \lim\limits_{\Delta x \to 0,\, \Delta x < 0} -\frac{4\Delta x + \Delta x^2}{\Delta x} \end{cases}$$

$$f'(2) = \lim_{\Delta x \to 0} \frac{\Delta y}{\Delta x} = \begin{cases} \lim\limits_{\Delta x \to 0,\, \Delta x > 0} (4 + \Delta x) \\ \lim\limits_{\Delta x \to 0,\, \Delta x < 0} (-4 - \Delta x) \end{cases}$$

$$f'(2) = \lim_{\Delta x \to 0} \frac{\Delta y}{\Delta x} = \begin{cases} +4 \text{ für } \Delta x > 0 \\ -4 \text{ für } \Delta x < 0 \end{cases}$$

Für $x = 2$ besitzt der Graph keine (eindeutige) Tangente; er ist dort **nicht differenzierbar!** Entsprechendes gilt für $x = -2$.

Man erkennt: $f'(2)$ müsste gleichzeitig $+4$ und -4 sein; das ist unmöglich! Wir stellen fest:
Der „linksseitige“ Grenzwert ist vom „rechtsseitigen“ verschieden.
f ist an der Stelle $x = 2$ **nicht differenzierbar!**

Differenzierbarkeit ...

... an einer Stelle x_0 bedeutet,

- dass die Sekanten zu ein und derselben Grenzlage führen, gleichgültig, ob links- oder rechtsseitige Sekanten betrachtet werden.
- dass die Differenzenquotienten zu ein und demselben Grenzwert führen, gleichgültig, wie der Grenzprozess durchgeführt wird.

1 **Die Abbildung zeigt den Graphen einer Funktion *f*. Entscheiden Sie: Welche der nachfolgenden Behauptungen sind möglich (m), welche absolut unmöglich (u)?**

a) $f'(-2) = -2$

b) $f'(0) = 2$

c) $f'\left(\frac{3}{4}\right) = 0$

d) $f'(1) = -1$

e) $f'(2) = 0$

f) $f'(-2) - f'(0) = 0$

g) $f'(-1) - f'(1) = 0$

h) $f(0)\,f'(0) = 0$

i) $f(-3)\,f'(-3) = 2$

j) $f(-2)\,f'(2) = -9$

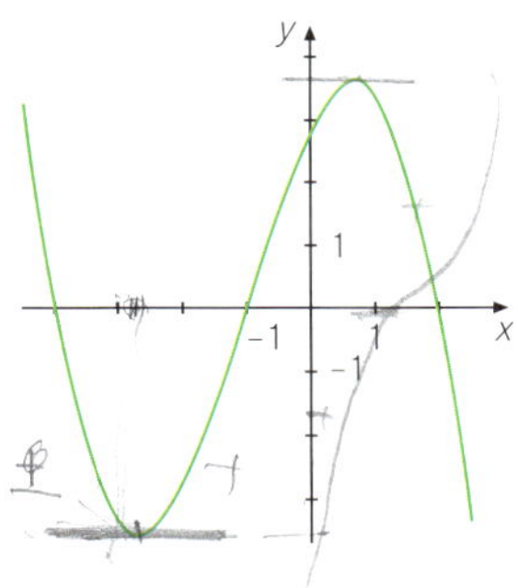

2 **Vervollständigen Sie die Tabelle.**

$f'(x)$	-2	-1	0	1	2
x					

Hinweis Es kann mehrere Lösungen geben!

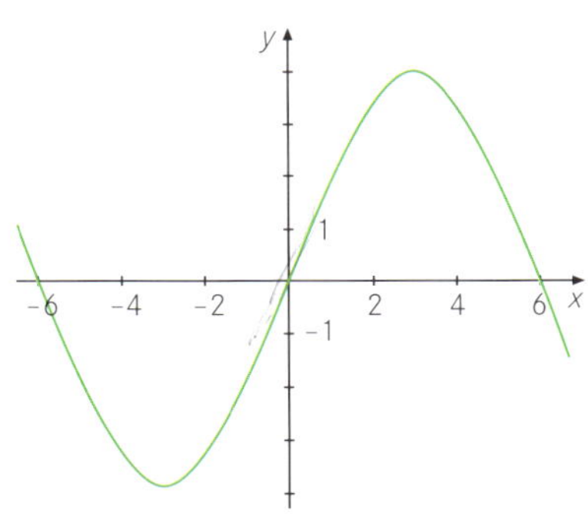

3 **Die Funktion *f* wird dargestellt durch $f(x) = x^2$.**

a) Zeichnen Sie den zugehörigen Graphen.

b) Bestimmen Sie zeichnerisch die Tangentenanstiege in den Punkten $A(-2 \mid f(-2))$, $B(0 \mid f(0))$, $C(0{,}5 \mid f(0{,}5))$, $D(1{,}5 \mid f(1{,}5))$.

c) Bestimmen Sie rechnerisch die Ableitungen für $x = -2$; $x = 0$; $x = 0{,}5$; $x = 1{,}5$; und vergleichen Sie diese mit Ergebnissen aus der Zeichnung.

Test Kapitel 3

1 **Die Anstiege der Graphen *A*, *B*, *C*, *D*, *E* werden durch *a*, *b*, *c*, *d*, *e* dargestellt.** |5|
Ordnen Sie *A*, *B*, *C*, *D* bzw. *E* den ihm zugehörigen „Anstiegsgraphen" *a*, *b*, *c*, *d* bzw. *e* zu.

A
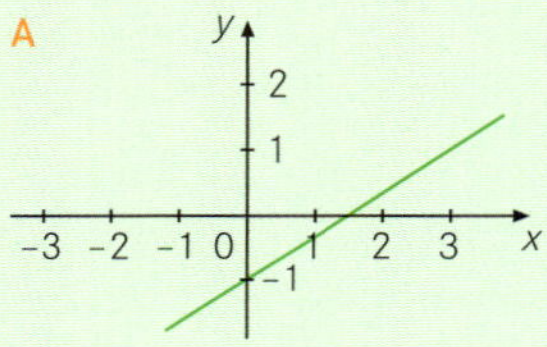

B
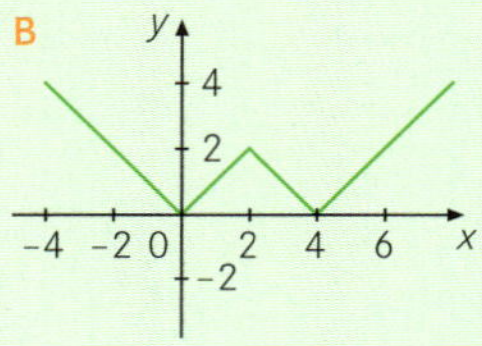

C
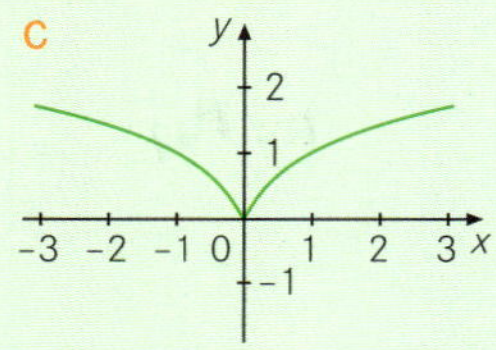

D
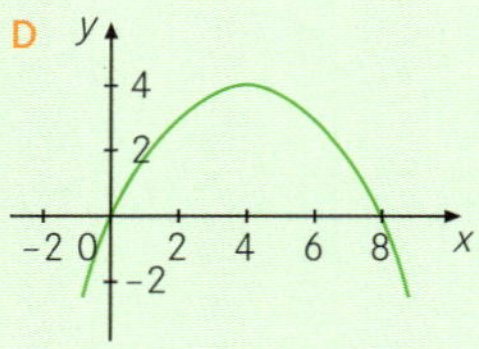

E
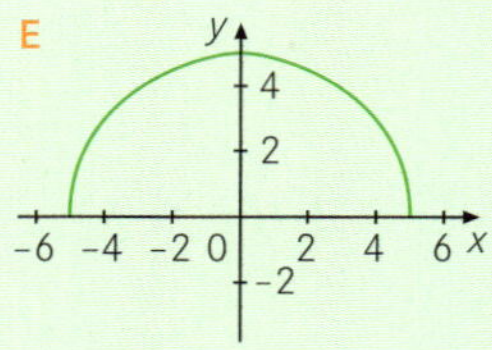

a
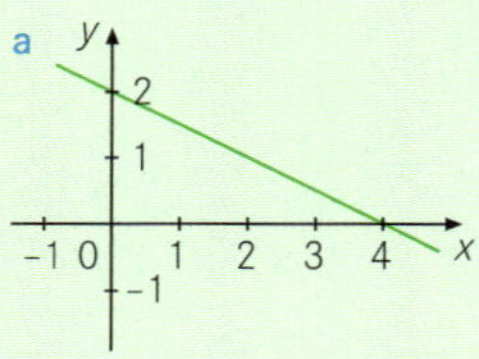

b
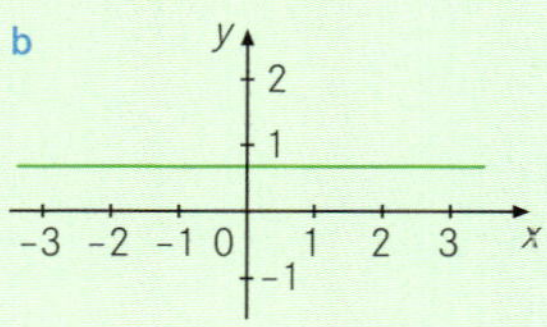

c
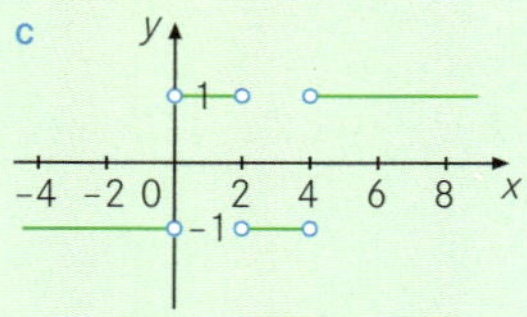

d
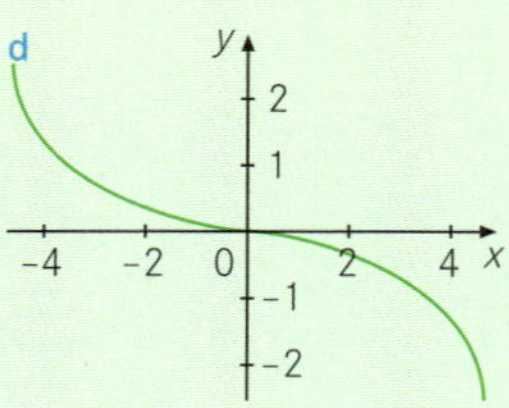

e
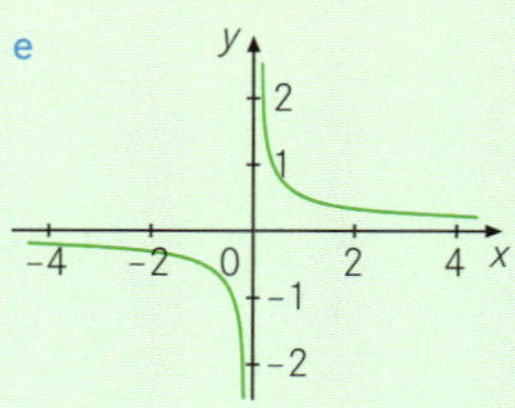

2 Die Abbildung zeigt den Graphen zu $y = \sqrt{x}$. |9|

a) Passen Sie - nach Augenmaß - die Tangenten an den Graphen an den Stellen $x_1 = 1$ und $x_2 = 0$ ein. Wie groß sind die Anstiege?

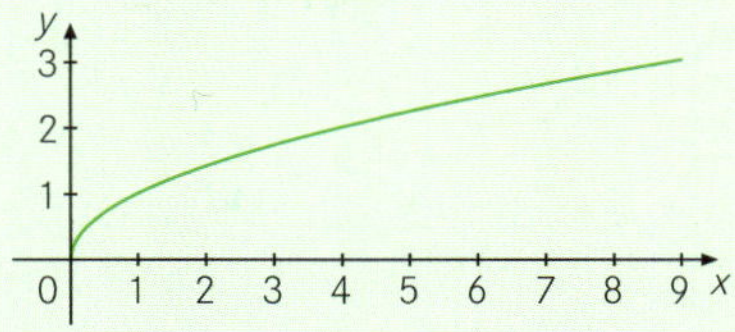

b) Bestimmen Sie den Tangentenanstieg an der Stelle $x_1 = 1$ rechnerisch:
Wählen Sie immer dichtere Nachbarstellen von x_1:
$x_{1n} = x_1 + \Delta x$;
berechnen Sie den Sekantenanstieg $\frac{\Delta y}{\Delta x}$, „pirschen" Sie sich dichter und dichter an x_1 heran und beobachten Sie, wie sich die Sekantenanstiege entwickeln.

$x_1 + \Delta x$	$\frac{\Delta y}{\Delta x}$
1 + 1	$\frac{\sqrt{(1+1)} - \sqrt{1}}{1} \approx 0{,}414$
1 + 0,1	
1 + 0,001	
1 + 0,00001	
...	

c) Bestimmen Sie den Tangentenanstieg ganz entsprechend an der Stelle $x_2 = 0$.

3 Auf einen Schlag! |6|

a) Tipp Tangentenanstiege an einer beliebigen Stelle x_0 lassen sich auf einen Schlag ermitteln:
- Wählen Sie eine Nachbarstelle $x_n = x_0 + \Delta x$.
- Bestimmen Sie den Sekantenanstieg $\frac{\Delta y}{\Delta x}$.
- „Pirschen" Sie sich an x_0 heran, d. h., bestimmen Sie $\lim\limits_{\Delta x \to 0} \frac{\Delta y}{\Delta x}$.
- Fertig!

b) Vergleichen Sie das Ergebnis mit jenem von Übung 2.

||20||

Wie viele Punkte haben Sie? Erreichen Sie mehr als 16 Punkte, beherrschen Sie den Inhalt des Kapitels wirklich gut. Erreichen Sie weniger als 8 Punkte, dann sollten Sie dieses Kapitel wiederholen.

4 POTENZFUNKTIONEN

Was Sie schon können müssen:

- Potenzen – was sie bedeuten und wie man mit ihnen rechnet
- Potenzen einfachster Summen – wie sie sich als Summen darstellen oder auch: binomische Formeln kennen und anwenden
- Sekantenanstiege zutreffend beschreiben
- den Prozess „von Sekante zur Tangente“ zeichnerisch und rechnerisch handhaben

Darum geht es

- Tangentenanstiege der Graphen von Potenzfunktionen zeichnerisch ermitteln
- Ableitungen von Potenzfunktionen berechnen

4.1 Potenzfunktionen mit positiven Exponenten

Darum geht es

Eine Potenzfunktion p_n ist von einfacher Bauart. Ihr Funktionsterm lautet $p_n(x) = x^n$.
Der Exponent n heißt Grad der Potenzfunktion und kann jede ganze Zahl sein.
Wir untersuchen zunächst solche Potenzfunktionen mit positiven, danach mit negativen ganzzahligen Exponenten.
Wir begnügen uns mit der Untersuchung einiger weniger Vertreter dieser Sippschaft – sie lassen klar genug den Rest dieser Großfamilie erkennen. Die Ableitungen sollen freilich auf zweifache Art entwickelt werden:
Zunächst – zugegebenerweise etwas grob – auf zeichnerische Weise, dann – zwar feiner, dafür aber weniger anschaulich – auf rechnerische Weise.

Beispiele

1. Bestimmen Sie die Ableitung der Potenzfunktion $p_2(x) = x^2$.

Zeichnerische Lösung

Graph von p_2:

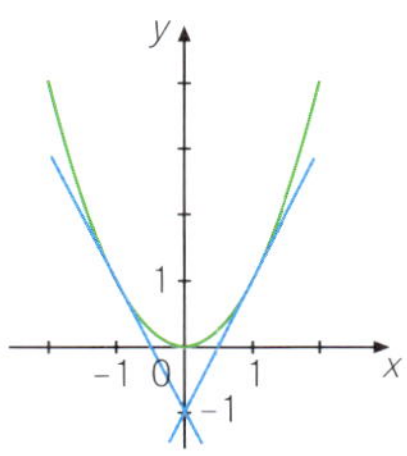

Graph von p'_2:

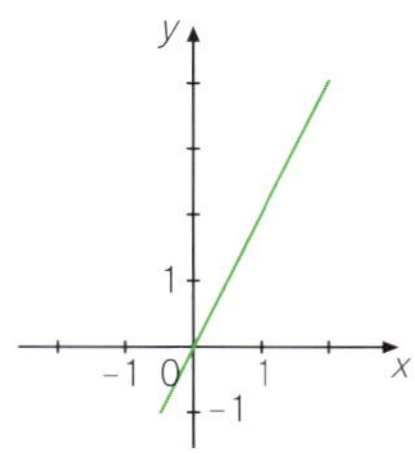

Die Anstiege m_t:
Für $x < 0$ sind sie negativ,
für $x > 0$ positiv.

Tabelle einiger Anstiege:

x	...	−2	−1	0	1	2	...
m_t	...	−4	−2	0	2	4	...

Rechnerische Lösung

Die Ableitung: Zuerst die Sekantenanstiege m_s, dann ihr Grenzwert m_t!

$$m_s = \frac{\Delta y}{\Delta x} = \frac{p_2(x + \Delta x) - p_2(x)}{\Delta x} = \frac{(x + \Delta x)^2 - x^2}{\Delta x}$$

Wegen $(a + b)^2 = a^2 + 2ab + b^2$: $m_s = \frac{2x\Delta x + \Delta x^2}{\Delta x} = 2x + \Delta x$

Mit $\Delta x \to 0$ folgt: $p'_2 = \lim\limits_{\Delta x \to 0} \frac{\Delta y}{\Delta x} = \lim\limits_{\Delta x \to 0} (2x + \Delta x)$

$p'_2(x) = (x^2)' = 2x^1 = m_t$

2. Bestimmen Sie die Ableitung der Potenzfunktion $p_3(x) = x^3$.

Zeichnerische Lösung

Graph von p_3:

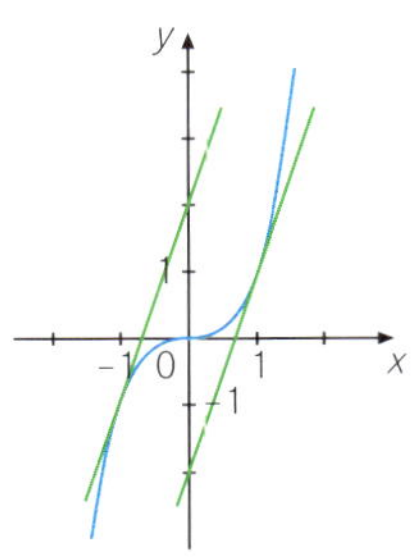

Graph von p'_3:

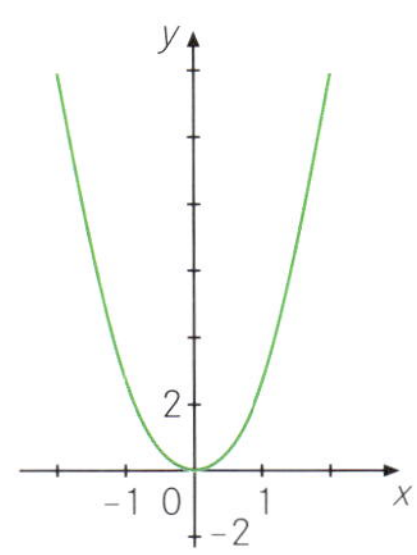

Die Anstiege m_t: Sie sind für kein einziges x negativ.

Tabelle einiger Anstiege:

x	...	−2	−1	0	1	2	...
m_t	...	12	3	0	3	12	...

Rechnerische Lösung

Die Ableitung: Zuerst die Sekantenanstiege, dann ihr Grenzwert!

$$m_s = \frac{\Delta y}{\Delta x} = \frac{p_3(x + \Delta x) - p_3(x)}{\Delta x} = \frac{(x + \Delta x)^3 - x^3}{\Delta x}$$

Wegen $(a + b)^3 = a^3 + 3a^2b + 3ab^2 + b^3$:

$$m_s = \frac{3x^2\Delta x + 3x\Delta x^2 + \Delta x^3}{\Delta x} = 3x^2 + 3x\Delta x + \Delta x^2$$

Mit $\Delta x \to 0$ folgt: $p'_3(x) = \lim\limits_{\Delta x \to 0} \frac{\Delta y}{\Delta x} = \lim\limits_{\Delta x \to 0} (3x^2 + 3x\Delta x + \Delta x^2)$

$p'_3(x) = (x^3)' = 3x^2 = m_t$

1 Tangentenanstiege und Funktionsterm

a) Zeichnen Sie in den Punkten A, B, C, D, E, F die Tangenten an den Graphen.

b) Bestimmen Sie aus der Zeichnung die Tangentenanstiege:

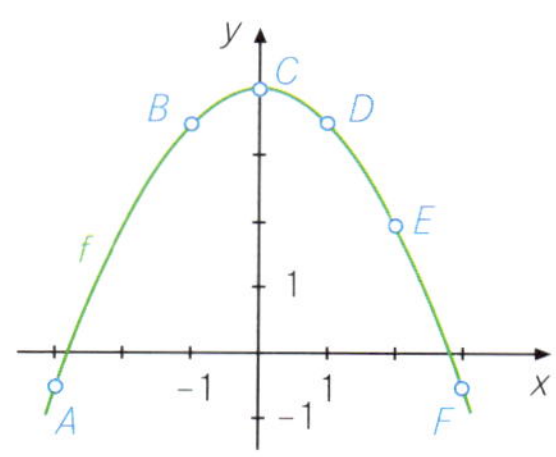

x	−3	−2	−1	0	1	2	3
$f'(x)$							

c) Zeichnen Sie ein zweites Koordinatensystem und tragen Sie dort die Tangentenanstiege ein.

d) Geben Sie einen Funktionsterm von f' an.

e) f' hilft, einen Funktionsterm von f anzugeben. Wie heißt er?

2 Der Graph zu $f(x) = \frac{1}{3}x^3 - 3x$

a) Zeichnen Sie den Graphen zu $f(x) = \frac{1}{3}x^3 - 3x$ im Bereich $[-4; 4]$.

b) Ermitteln Sie aus der Zeichnung die Ableitung an den Stellen 0; +1; −1; +2; −2; +3; −3.

c) Berechnen Sie die Ableitung als Grenzwert des Differenzenquotienten. Vergleichen Sie diese mit den zeichnerischen Ergebnissen.

4.2 Potenzfunktionen mit negativen Exponenten

Beispiele

1. Bestimmen Sie die Ableitung der Potenzfunktion $p_{-1}(x) = x^{-1} = \frac{1}{x}$.

Zeichnerische Lösung

Der Graph von p_{-1}:

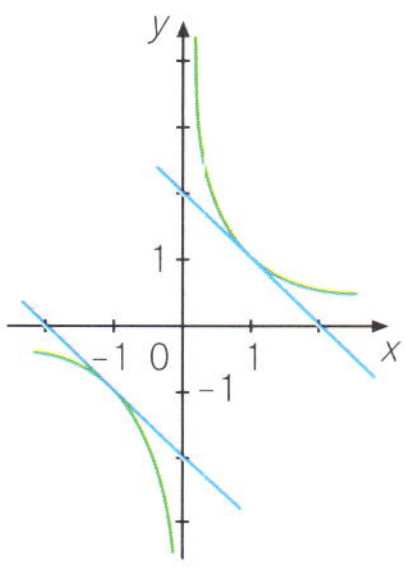

Der Graph von p'_{-1}:

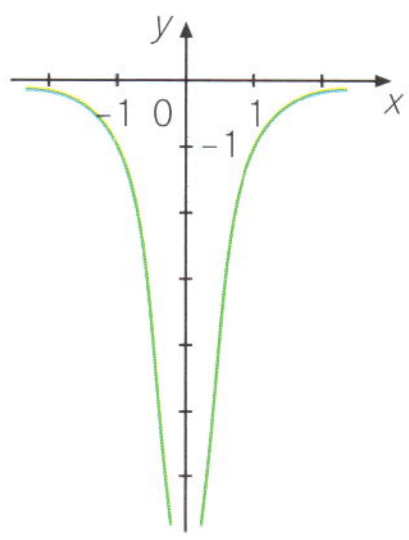

Die Anstiege m_t: Sie sind überall negativ!

Tabelle einiger Anstiege:

x	…	-1	$-\frac{1}{2}$	0	$\frac{1}{2}$	1	…
m_t	…	-1	-4	–	-4	-1	…

Rechnerische Lösung

Die Ableitung: Zuerst die Sekantenanstiege m_s, dann ihr Grenzwert m_t!

$$m_s = \frac{\Delta y}{\Delta x} = \frac{p_{-1}(x+\Delta x) - p_{-1}(x)}{\Delta x} = \frac{\frac{1}{x+\Delta x} - \frac{1}{x}}{\Delta x} = \frac{\frac{x}{(x+\Delta x)x} - \frac{x+\Delta x}{(x+\Delta x)x}}{\Delta x}$$

$$= \frac{\frac{-\Delta x}{(x+\Delta x)x}}{\Delta x} = \frac{-1}{(x+\Delta x)x}$$

Mit $\Delta x \to 0$ folgt: $p'_{-1}(x) = \lim\limits_{\Delta x \to 0} \frac{\Delta y}{\Delta x} = \lim\limits_{\Delta x \to 0} \frac{-1}{(x+\Delta x)x}$

$$p'_{-1}(x) = (x^{-1})' = -\frac{1}{x^2} = -x^{-2} = m_t$$

2. Bestimmen Sie die Ableitung der Potenzfunktion $p_{-2}(x) = x^{-2} = \frac{1}{x^2}$.

Zeichnerische Lösung

Der Graph von p_{-2}:

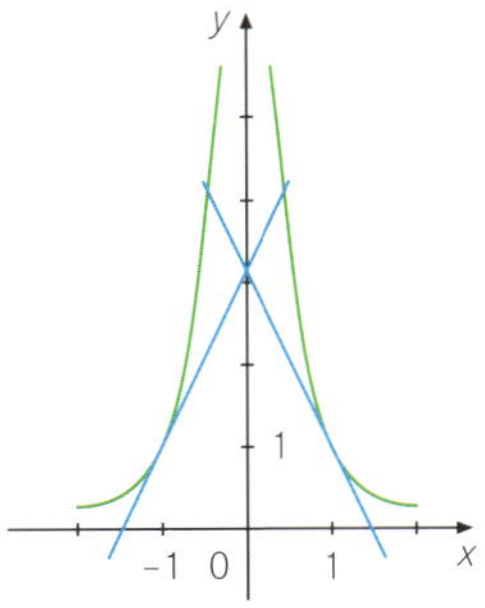

Der Graph von p'_{-2}:

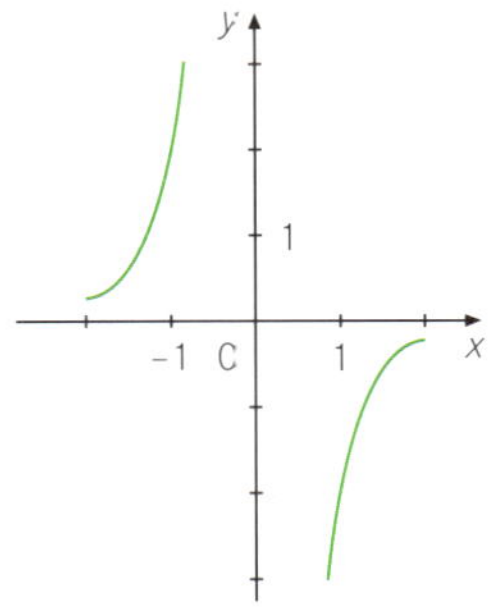

Die Anstiege m_t:
Für $x < 0$ sind sie positiv, für $x > 0$ negativ.

Tabelle einiger Anstiege:

x	...	-1	$-\frac{1}{2}$	0	$\frac{1}{2}$	1	...
m_t	...	2	16	–	−16	−2	...

Rechnerische Lösung

Die Ableitung: Zuerst die Sekantenanstiege m_s, dann ihr Grenzwert m_t!

$$m_s = \frac{\Delta y}{\Delta x} = \frac{p_{-2}(x + \Delta x) - p_{-2}(x)}{\Delta x} = \frac{\frac{1}{(x + \Delta x)^2} - \frac{1}{x^2}}{\Delta x} = \frac{\frac{x^2}{(x + \Delta x)^2 x^2} - \frac{(x + \Delta x)^2}{(x + \Delta x)^2 x^2}}{\Delta x}$$

$$= \frac{\frac{-2x\Delta x - \Delta x^2}{(x + \Delta x)^2 x^2}}{\Delta x} = \frac{-2x - \Delta x}{(x + \Delta x)^2 x^2}$$

Mit $\Delta x \to 0$ folgt: $p'_{-2}(x) = \lim\limits_{\Delta x \to 0} \frac{\Delta y}{\Delta x} = \lim\limits_{\Delta x \to 0} \frac{-2x - \Delta x}{(x + \Delta x)^2 x^2}$

$p'_{-2}(x) = (x^{-2})' = \frac{-2}{x^3} = -2x^{-3} = m_t$.

1 Es ist $f(x) = x^3$. Ergänzen Sie die Tabelle.

$f'(3)$	$f'(3^2)$	$f'(3^3)$	$f'(5^3)$	$f'(3^{-1})$	$f'(-3^{-1})$	$f'(-5^{-3})$	$f'(-3^{-3})$	$f'(-3)$

Test Kapitel 4

1 **Welche Steigung hat der Graph der jeweils angegebenen Funktion an der Stelle $x = 5$?** | 5 |

Kreuzen Sie den richtigen Steigungswert an.

$a(x) = x^2$ m		$b(x) = x^3$ m		$c(x) = x^{-1}$ m		$d(x) = x^{-2}$ m		$e(x) = x^{-3}$ m	
5	☐	15	☐	-5	☐	-25	☐	-625	☐
10	☐	25	☐	$-\frac{1}{5}$	☐	$-\frac{2}{25}$	☐	-375	☐
15	☐	50	☐	$-\frac{1}{25}$	☐	$-\frac{1}{25}$	☐	-125	☐
20	☐	75	☐	$\frac{1}{5}$	☐	$-\frac{2}{125}$	☐	$-\frac{1}{625}$	☐
25	☐	125	☐	$\frac{1}{25}$	☐	$\frac{2}{125}$	☐	$-\frac{3}{625}$	☐

2 **Geben Sie die Stellen an, an denen die jeweils angegebene Funktion den Anstieg 1 hat, sowie die Tangentengleichung an diesen Stellen.** | 10 |

	$a(x) = x^1$	$b(x) = x^2$	$c(x) = x^3$	$d(x) = x^4$	$e(x) = x^5$
x_0 mit $m = 1$					
Tangentengleichung					

3 **Die Parade der Ableitungen der Potenzfunktionen soll fortgesetzt werden.** | 9 |

a) 1. Skizzieren Sie den Graphen zu $y = x^3$.
2. Ermitteln Sie zeichnerisch an mehreren Stellen die Tangentenanstiege und übertragen Sie diese Werte in ein zweites Koordinatensystem. Sie erhalten die Ableitungsfunktion von $y = x^3$ – freilich nur sehr grob!

b) Bestimmen Sie – wie gewohnt – den Sekantenanstieg $\frac{\Delta y}{\Delta x}$ an einer beliebigen Stelle x_0 und führen Sie anschließend – wie gewohnt – den Grenzprozess $\Delta x \to 0$ durch.

c) Vergleichen Sie die Ergebnisse von a) und b).

d) Testen Sie sich weiter: mit $y = x^4$ und wenn es nicht zu ermüdend ist mit $y = x^5$ ...

4 Die Graphen zu $y = x^1$, $y = x^2$ und $y = x^3$ schneiden sich im Punkt $P(1|1)$. |6|

Bestimmen Sie sowohl zeichnerisch als auch rechnerisch jeweils den Schnittwinkel zwischen den Graphen und vergleichen Sie.

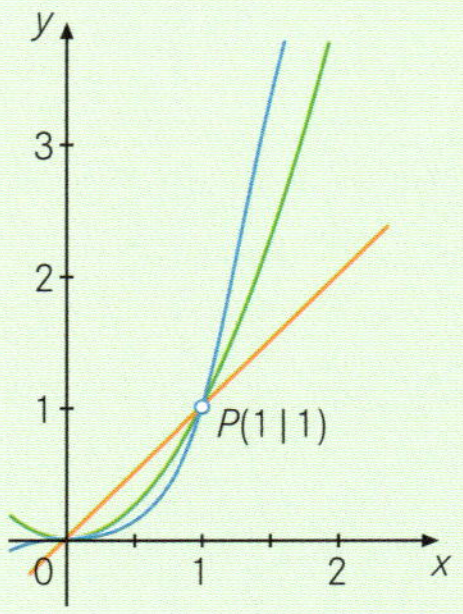

a) zeichnerisch

∢	$y = x^1$	$y = x^2$	$y = x^3$
$y = x^1$	0		
$y = x^2$		0	
$y = x^3$			0

b) rechnerisch

∢	$y = x^1$	$y = x^2$	$y = x^3$
$y = x^1$	0		
$y = x^2$		0	
$y = x^3$			0

||30||

Wie viele Punkte haben Sie? Erreichen Sie mehr als 24 Punkte, beherrschen Sie den Inhalt des Kapitels wirklich gut. Erreichen Sie weniger als 10 Punkte, dann sollten Sie dieses Kapitel wiederholen.

5 FUNDAMENTALE ABLEITUNGSREGELN

Was Sie schon können müssen:

- den Weg von Sekante zur Tangente: zeichnerisch und rechnerisch
- ja, und dann nichts Geringeres als einen klaren Blick:
  Was ist eine Summenfunktion?
  Was eine Produktfunktion?
  Was eine Funktion in einer Funktion?

Darum geht es

Regeln zur Ableitung von Funktionen kennenlernen:

- Funktionen mit additiven und multiplikativen Konstanten
- Summen- und Differenzenregel
- Produkt- und Quotientenregel
- Kettenregel
- Potenzregel
- Wurzelfunktionen in Potenzschreibweise darstellen

5.1 Konstanten und Funktionen

Darum geht es

Eine Konstante a und eine Funktion f lassen sich sowohl additiv als auch multiplikativ zu neuen Funktionen kombinieren. Aus f entstehen die neuen Funktionen c bzw. k. Im Folgenden leiten wir die Regeln zur Ableitung der neuen Funktionen her. Herleitung der Ableitungsfunktionen:

5 FUNDAMENTALE ABLEITUNGSREGELN

1. $c(x) = f(x) + a$
Die additive Konstante a bewirkt: Der Graph von c ist gegenüber jenem von f um a in y-Richtung verschoben.

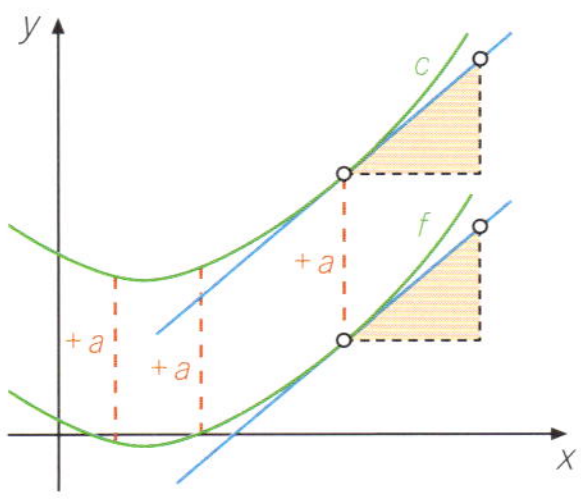

Eine solche Verschiebung ändert naturgemäß nichts an den Steigungen; denn:

$$m_c = \frac{\Delta y}{\Delta x} = \frac{c(x + \Delta x) - c(x)}{\Delta x}$$
$$= \frac{[f(x + \Delta x) + a] - [f(x) + a]}{\Delta x}$$
$$= \frac{f(x + \Delta x) - f(x)}{\Delta x} \text{ und damit:}$$

$c'(x) = [f(x) + a]' = f'(x)$

Merke Eine additive Konstante fällt beim Differenzieren weg.

2. $k(x) = a \cdot f(x)$
Die multiplikative Konstante a bewirkt: Der Graph von k ist gegenüber jenem von f um den Faktor a in y-Richtung gestreckt.

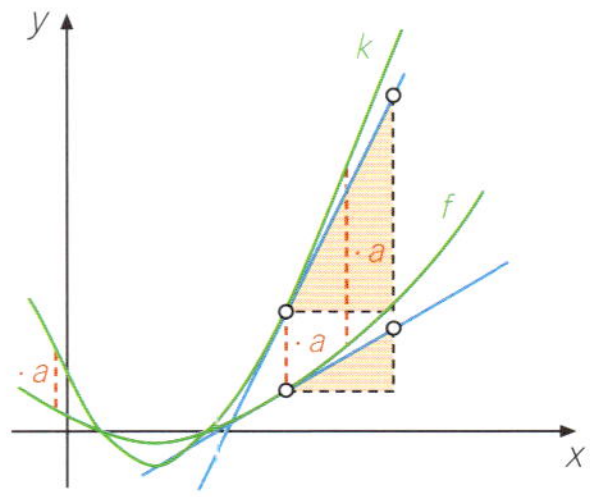

Durch diese Streckung werden die Steigungsdreiecke in y-Richtung gestreckt:

$$m_k = \frac{\Delta y}{\Delta x} = \frac{k(x + \Delta x) - k(x)}{\Delta x}$$
$$= \frac{[a \cdot f(x + \Delta x)] - a \cdot f(x)}{\Delta x}$$
$$= a\,\frac{f(x + \Delta x) - f(x)}{\Delta x} \text{ und damit:}$$

$k'(x) = [a \cdot f(x)]' = a \cdot f'(x)$

Merke Eine multiplikative Konstante bleibt beim Differenzieren als Faktor erhalten.

1 **Es ist $f(x) = x^2$ und $g(x) = \frac{1}{x^2}$. Bestimmen Sie die folgenden Ableitungen.**

	$[2^3 + f(x)]'$	$[2^3 \cdot f(x)]'$	$[2^3 + g(x)]'$	$[2^3 \cdot g(x)]'$	$[2^3 + f(x) + g(x)]'$	$[2^3 \cdot f(x) \cdot g(x)]'$
$x = 1$						
$x = 2^3$						

2 **Bilden Sie die Ableitungen auf zweierlei Weise:**
mithilfe der Ableitungsregeln, mithilfe des Differenzenquotienten und anschließender Grenzwertbetrachtung.

a) $y = 7$

b) $y = 6x^3 - 8$

5.2 Summen- und Differenzenregel

Darum geht es

Zwei Funktionen f und g lassen sich durch Addition zu einer neuen Funktion, der Summenfunktion $s = f + g$ kombinieren:

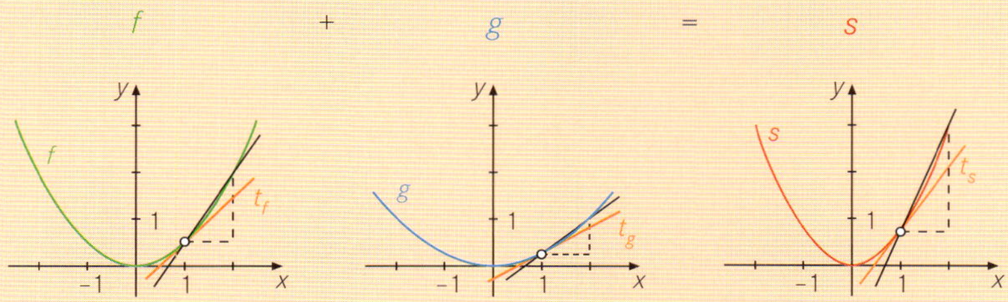

Im Folgenden leiten wir die Regel zur Ableitung der Summenfunktion sowie der Differenzenfunktion her.

Herleitung der Summenregel

Sekantenanstiege von f:

$$m_f = \frac{\Delta y_f}{\Delta x} = \frac{f(x+\Delta x) - f(x)}{\Delta x}$$

Also: $f'(x) = \lim\limits_{\Delta x \to 0} \frac{f(x+\Delta x) - f(x)}{\Delta x}$

Sekantenanstiege von g:

$$m_g = \frac{\Delta y_g}{\Delta x} = \frac{g(x+\Delta x) - g(x)}{\Delta x}$$

Also: $g'(x) = \lim\limits_{\Delta x \to 0} \frac{g(x+\Delta x) - g(x)}{\Delta x}$

Sekantenanstiege von $s = f + g$:

$$m_s = \frac{\Delta y_s}{\Delta x} = \frac{s(x+\Delta x) - s(x)}{\Delta x} = \frac{[f(x+\Delta x) + g(x+\Delta x)] - [f(x) + g(x)]}{\Delta x}$$

$$= \frac{f(x+\Delta x) - f(x)}{\Delta x} + \frac{g(x+\Delta x) - g(x)}{\Delta x}$$

Also: $s'(x) = \lim\limits_{\Delta x \to 0} \frac{\Delta y_s}{\Delta x}$

$$= \lim_{\Delta x \to 0} \left[\frac{f(x+\Delta x) - f(x)}{\Delta x} + \frac{g(x+\Delta x)] - g(x)}{\Delta x}\right]$$

Existieren diese beiden einzelnen Grenzwerte, dann folgt:

$s'(x) = [f(x) + g(x)]' = f'(x) + g'(x)$

Entsprechendes lässt sich für Differenzenfunktionen zeigen. Wir halten fest:

Regeln

Summenregel

Sind die beiden Funktionen f und g differenzierbar, dann ist auch die Summenfunktion $s = f + g$ differenzierbar.

Die Ableitung der Summe ist gleich der Summe der Ableitungen:

$s'(x) = [f(x) + g(x)]' = f'(x) + g'(x)$

Differenzenregel

Sind die beiden Funktionen f und g differenzierbar, dann ist auch die Differenzenfunktion $d = f - g$ differenzierbar.

Die Ableitung der Differenz ist gleich der Differenz der Ableitungen:

$d'(x) = [f(x) + g(x)]' = f'(x) + g'(x)$.

1 **Bilden Sie die Ableitung.**

a) $y = \frac{1}{3}x^3 + x\sqrt{3}$ b) $y = 3x^2 + \frac{2}{x^2} + 2\sqrt{5}$ c) $y = \frac{3}{x^3} + \frac{4}{x^4} + \frac{5}{x^5}$

5.3 Produkt- und Quotientenregel

Darum geht es

Produktfunktionen sind Funktionen der Form $p(x) = f(x) \cdot g(x)$.

Im Folgenden leiten wir die Regel zur Ableitung von Produktfunktionen her.

Beispiel:

$p(x) = x^2 \cdot x^3 = x^5$

$p'(x) = 5x^4$ (siehe Seite 30 f.).

Achtung Die Ableitungsregeln für Summen und Differenzen verleiten dazu, einfach die Faktoren abzuleiten, d. h.: $p'(x) = [f(x) \cdot g(x)]' = f'(x) \cdot g'(x)$. Eine solche „Regel" ist falsch! Sie würde zu $p'(x) = [x^2 \cdot x^3]' = [x^2]' \cdot [x^3]' = 2x^1 \cdot 3x^2$ führen – und das ist fraglos falsch!

Herleitung der Produktregel

Die Ableitung der Produktfunktion erfolgt über die Differenzenquotienten und anschließende Grenzwertbetrachtung, d. h.:

$$m_p = \frac{\Delta y_p}{\Delta x} = \frac{p(x + \Delta x) - p(x)}{\Delta x} = \frac{f(x + \Delta x)\, g(x + \Delta x) - f(x)\, g(x)}{\Delta x}$$

$$= \frac{[f(x + \Delta x)\, g(x + \Delta x)] + 0 - f(x)\, g(x)}{\Delta x}$$

Äußerst wirkungsvoll die Null – wenn sie zudem raffiniert geschrieben wird:
$0 = -f(x)\, g(x + \Delta x) + f(x)\, g(x + \Delta x)$.

$$m_p = \frac{f(x + \Delta x)\, g(x + \Delta x) - f(x)\, g(x + \Delta x) + f(x)\, g(x + \Delta x) - f(x)\, g(x)}{\Delta x}$$

$$m_p = \frac{f(x + \Delta x) - f(x)}{\Delta x}\, g(x + \Delta x) + f(x)\, \frac{g(x\, \Delta x) - g(x)}{\Delta x}$$

Der Grenzprozess $\Delta x \to 0$ führt auf

$$p'(x) = \lim_{\Delta x \to 0} \frac{\Delta y_p}{\Delta x} = \lim_{\Delta x \to 0} \left[\frac{f(x + \Delta x) - f(x)}{\Delta x}\, g(x + \Delta x) + f(x)\, \frac{g(x + \Delta x) - g(x)}{\Delta x}\right]$$

$$= f'(x)\, g(x) + f(x)\, g'(x)$$

Produktregel

Sind die beiden Funktionen f und g differenzierbar, so ist auch ihr Produkt differenzierbar. Es ist:
$p'(x) = [f(x) \cdot g(x)]' = f'(x) \cdot g(x) + f(x) \cdot g'(x)$.

Darum geht es

Eine Quotientenfunktion ist eine Funktion der Form $q(x) = \frac{f(x)}{g(x)}$.

Im Folgenden leiten wir die Regel für die Ableitung der Quotientenfunktion her.

Beispiel:

$q(x) = \frac{x^2}{x^3} = \frac{1}{x}$

$q'(x) = \frac{-1}{x^2}$ (siehe Seite 32).

Achtung Auch hier ist eine Regel nach dem Motto „Die Ableitung einer Quotientenfunktion ist der Quotient der Ableitungen", d. h.:

$$q'(x) = \left[\frac{f(x)}{g(x)}\right]' = \frac{f'(x)}{g'(x)}$$

schlichtweg falsch. Dies führt zu dem nachweislich falschen Ergebnis $q'(x) = \frac{(x^2)'}{(x^3)'} = \frac{2}{3x}$.

Herleitung der Quotientenregel

Die Ableitung der Quotientenfunktion erfolgt über die Differenzenquotienten:

$$m_q = \frac{\Delta y_q}{\Delta x} = \frac{q(x+\Delta x) - q(x)}{\Delta x} = \frac{\frac{f(x+\Delta x)}{g(x+\Delta x)} - \frac{f(x)}{g(x)}}{\Delta x} = \frac{\frac{f(x+\Delta x)\, g(x) + 0 - f(x)\, g(x+\Delta x)}{g(x+\Delta x)\, g(x)}}{\Delta x}$$

Wieder der Trick mit Null: $0 = -f(x)\, g(x) + f(x)\, g(x)$. Er führt auf

$$m_q = \frac{\frac{f(x+\Delta x)\, g(x) - f(x)\, g(x) + f(x)\, g(x) - f(x)\, g(x+\Delta x)}{g(x+\Delta x)\, g(x)}}{\Delta x}$$

$$m_q = \frac{\frac{f(x+\Delta x) - f(x)}{\Delta x}\, g(x) - f(x)\, \frac{g(x+\Delta x) - g(x)}{\Delta x}}{g(x+\Delta x)\, g(x)}$$

Der Grenzprozess $\Delta x \to 0$ führt auf

$$q'(x) = \lim_{\Delta x \to 0} \frac{\Delta y_q}{\Delta x} = \lim_{\Delta x \to 0} \frac{\frac{f(x+\Delta x) - f(x)}{\Delta x}\, g(x) - f(x)\, \frac{g(x+\Delta x) - g(x)}{\Delta x}}{g(x+\Delta x)\, g(x)} = \frac{g(x)\, f'(x) - f(x)\, g'(x)}{(g(x))^2}$$

Quotientenregel

Sind die beiden Funktionen f und g differenzierbar und ist $g(x) \neq 0$, so ist auch ihr Quotient differenzierbar. Es ist:

$$q'(x) = \left[\frac{f(x)}{g(x)}\right]' = \frac{g(x) \cdot f'(x) - f(x) \cdot g'(x)}{(g(x))^2}.$$

1 Bilden Sie die Ableitung mithilfe der Produkt- bzw. Quotientenregel.

a) $y = (x + x^2)(1 - x^2)$

b) $y = (1 + 2x + 3x^2)(1 - 2x - 3x^2)$

c) $y = \left(2x - \frac{2}{x}\right)\left(x^2 + \frac{1}{x^2}\right)$

d) $y = \frac{1 - x}{1 + x^2}$

e) $y = \frac{\sqrt{x}}{1 + x}$

f) $y = \frac{1 + \sqrt{x}}{1 - \sqrt{x}}$

2 Ableitungsregel

a) Entwickeln Sie eine Ableitungsregel für eine Funktion d, die sich als Produkt von 3 differenzierbaren Funktionen darstellen lässt, d. h. $d(x) = f(x)\, g(x)\, h(x)$.

b) Entwickeln Sie eine Ableitungsregel für eine Funktion v, die sich als Produkt von 4 differenzierbaren Funktionen darstellen lässt, d. h. $v(x) = f(x)\, g(x)\, h(x)\, k(x)$.

5.4 Kettenregel

Darum geht es

Eine sehr wichtige Zusammensetzung zweier Funktionen g und f zu einer neuen Funktion ist die Verkettung v oder *Hintereinanderausführung* von g und f.

Beispiel 1

$g: z = g(x) = \frac{1}{3}x + \frac{1}{3}$ und $f: y = f(z) = z^2$.

Führt man diese zwei Funktionen hintereinander aus, zuerst g und dann f, so erhält man

$v: y = f(g(x)) = \left(\frac{1}{3}x + \frac{1}{3}\right)^2$.

Im Folgenden leiten wir die Regel für Ableitung verketteter Funktionen her.

Herleitung der Kettenregel

Um die Ableitung der verketteten Funktion v zu ermitteln, untersuchen wir die Sekantensteigungen bzw. Differenzenquotienten von f, g und v:

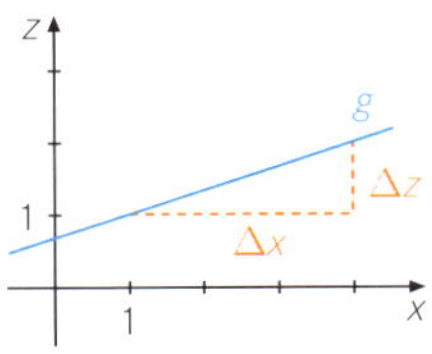

$m_g = \frac{\Delta z}{\Delta x}$

$g'(x) = \lim\limits_{\Delta x \to 0} \frac{\Delta z}{\Delta x}$

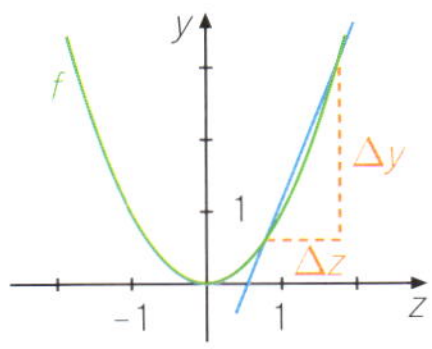

$m_f = \frac{\Delta y}{\Delta z}$

$f'(z) = \lim\limits_{\Delta z \to 0} \frac{\Delta y}{\Delta z}$

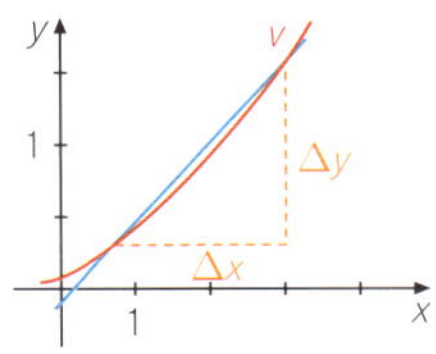

$m_v = \frac{\Delta y}{\Delta x}$

Es gilt: $\frac{\Delta y}{\Delta x} = \frac{\Delta y}{\Delta z} \cdot \frac{\Delta z}{\Delta x}$

Mit $\Delta x \to 0$ ist auch $\Delta z \to 0$, es folgt:

$\lim\limits_{\Delta x \to 0} \frac{\Delta y}{\Delta x} = \lim\limits_{\Delta z \to 0} \frac{\Delta y}{\Delta z} \cdot \lim\limits_{\Delta x \to 0} \frac{\Delta z}{\Delta x}$

$v'(x) = f'(z) \cdot g'(x)$

Kettenregel

Sind die beiden Funktionen $g: z = g(x)$ und $f: y = f(z)$ differenzierbar und liegen die Funktionswerte $z = g(x)$ im Definitionsbereich von f, so ist auch die verkettete Funktion $v: y = f(g(x))$ differenzierbar. Es gilt:

$v'(x) = [f(g(x))]' = f'(z)\, g'(x)$ mit $z = g(x)$

$f'(z)$ heißt *äußere Ableitung* oder auch Ableitung nach z,

$g'(x)$ heißt *innere Ableitung* oder auch Ableitung nach x.

Reihenfolge der Verkettung

Bei der Kettenregel kommt es entscheidend darauf an, zu erkennen, welches die innere und welches die äußere Funktion ist.

Beispiel 2: $v(x) = f(g(x)) = \left(\frac{1}{3}x + \frac{1}{3}\right)^2$

Hier ist $g(x) = \frac{1}{3}x + \frac{1}{3}$ die innere Funktion und $f(z) = z^2$ cie äußere Funktion.
Um Funktionswerte $v(x)$ zu berechnen, muss zuerst $g(x) = \frac{1}{3}x + \frac{1}{3}$ berechnet werden und danach wird quadriert.

Merke Man rechnet stets „von innen nach außen"!

Beispiel 3: Führt man zuerst $f: z = f(x) = x^2$ und anschließend $g: y = g(z) = \frac{1}{3}z + \frac{1}{3}$ aus, so erhält man $u(x) = g(f(x)) = \frac{1}{3}x^2 + \frac{1}{3}$.
Der Vergleich mit Beispiel 1 zeigt: $g(f(x)) \neq f(g(x))$.

1 **Bilden Sie die Ableitung mithilfe der Kettenregel.**

a) $y = (1 + 10x + 200x^2)^5$ b) $y = \left(x^4 - 1 + \frac{1}{x^4}\right)^2$ c) $y = \left(\frac{1}{2x^2 + 3}\right)^3$

d) $y = (x^2 - 5)(2x + 3)^5$ e) $y = \frac{1}{(x^4 - 3x^2 + 2)^3}$

5.5 Wurzelfunktionen

Darum geht es

Wurzelfunktionen lassen sich – wie andere Funktionen auch – grafisch darstellen. Tangentenkonstruktionen führen auch hier auf grafische Weise zur Ableitung. Bequeme rechnerische Wege ergeben sich durch den Umstand, dass Wurzelfunktionen sich in Potenzschreibweise darstellen lassen, dabei sind die Exponenten freilich nicht mehr ganzzahlig. Ihre Ableitungen lassen sich dann mithilfe der Kettenregel bestimmen.

Beispiele

Beispiel 1: $y = \sqrt{x}$

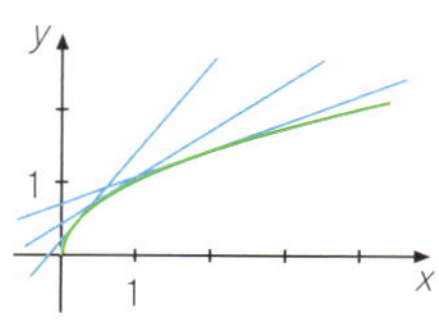

Tabelle einiger Anstiege:

x	0	1	2	3	4	...
m_t	–	0,5	0,33	0,3	0,25	...

$w_1: y = \sqrt{x}$ mit $x \in \mathbb{R}^+$

1. w_1 in Potenzschreibweise:

   $y = x^{\frac{1}{2}} \Rightarrow y^2 = x$

2. Die Ableitung:

   $(y^2)' = x'$

Der Graph von $y = \sqrt{x}$.
Die Anstiege sind für alle $x > 0$ positiv; sie werden mit zunehmenden x flacher und flacher.

3. Vorsicht Kettenregel!
$2y \cdot y' = x'$

$\Rightarrow y' = \frac{1}{2y} = \frac{1}{2\sqrt{x}}$

$\Rightarrow y' = \frac{1}{2}x^{-\frac{1}{2}}$

Diese Methode lässt sich im Prinzip bei jeder Wurzelfunktion durchführen:

Beispiel 2: $y = \sqrt[n]{x}$

1. w_2 in Potenzschreibweise:
$y = x^{\frac{1}{n}} \Rightarrow y^n = x$
2. Die Ableitung:
$(y^n)' = x'$
3. Vorsicht Kettenregel!
$ny^{n-1}y' = x'$

$\Rightarrow y' = \frac{1}{ny^{n-1}} = \frac{1}{n\left(x^{\frac{1}{n}}\right)^{n-1}}$

$\Rightarrow y' = \frac{1}{n}x^{\frac{1}{n}-1}$

Beispiel 3: $y = \sqrt[n]{x^m}$

1. w_3 in Potenzschreibweise:
$y = x^{\frac{m}{n}} \Rightarrow y^n = x^m$
2. Die Ableitung:
$(y^n)' = (x^m)'$
3. Vorsicht Kettenregel!
$ny^{n-1}y' = m \cdot x^{m-1} \cdot x'$

$\Rightarrow y' = \frac{m}{n}x^{\frac{m}{n}-1}$

Regel

Wurzelfunktionen lassen sich nach der **Potenzregel** ableiten:
$f(x) = x^n \Rightarrow f'(x) = n \cdot x^{n-1}$
Wurzeln sind als Potenzen mit gebrochenen Exponenten darstellbar. Die Potenzregel gilt nicht nur für ganzzahlige, sondern auch für gebrochene Exponenten.

1 Bilden Sie die Ableitungen.

Tipp Beachten Sie die Kettenregel.

a) $y = \sqrt{x^2 + 4x + 5}$
b) $y = \sqrt{\frac{x-1}{x+1}}$
c) $y = \sqrt{1 + \sqrt{1 + x}}$
d) $y = \sqrt{3x + 1}\,(3 - x^3)^4$
e) $y = \sqrt{x + \sqrt{x + \sqrt{x}}}$
f) $y = \sqrt[3]{x + \sqrt[3]{x + \sqrt[3]{x}}}$

5.6 Differentialrechnung

Darum geht es

Wer sich auf Differentialrechnung einlässt, muss mit Ableitungsregeln sicher und routiniert umgehen können. Die im Folgenden gezeigten Lösungsmuster machen deutlich, wo die einzelnen Regeln für Ableitungen im konkreten Fall angewendet werden können.

Beispiele

Beispiel 1: $a(x) = 7x^2 - 1{,}8x^5 + \frac{2}{x^3}$

$a'(x) = \left[7x^2 - 1{,}8x^5 + \frac{2}{x^3}\right]'$

1. a ist eine Summenfunktion. Es greift die Summenregel.

   $\Rightarrow a'(x) = (7x^2)' - (1{,}8x^5)' + \left(\frac{2}{x^3}\right)'$

2. Die Einzelterme: Es greifen die Potenzregel sowie die Regel über Konstanten.

   $(7x^2)' = 7 \cdot 2x^1 = 14x$

   $(1{,}8x^5)' = 1{,}8 \cdot 5x^4 = 9x^4$

   $\left(\frac{2}{x^3}\right)' = (2x^{-3})' = 2 \cdot (-3)x^{-4} = -\frac{6}{x^4}$

3. Die Ableitung: $a'(x) = 14x - 9x^4 - \frac{6}{x^4}$

Beispiel 2: $b(x) = \sqrt[4]{x} + \frac{1 - 2x^2}{2 - x^2}$

$b'(x) = \left[\sqrt[4]{x} + \frac{1 - 2x^2}{2 - x^2}\right]'$

1. b ist eine Summenfunktion.

   $\Rightarrow b'(x) = \left(\sqrt[4]{x}\right)' + \left(\frac{1 - 2x^2}{2 - x^2}\right)'$

2. Die Einzelterme:
   Für den einen die Potenzregel, für den anderen die Quotientenregel.

   $\left(\sqrt[4]{x}\right)' = \left(x^{\frac{1}{4}}\right)' = \frac{1}{4}x^{-\frac{3}{4}} = \frac{1}{4 \cdot \sqrt[4]{x^3}}$

   $\left(\frac{1 - 2x^2}{2 - x^2}\right)' = \frac{(2 - x^2)(1 - 2x^2)' - (1 - 2x^2)(2 - x^2)'}{(2 - x^2)^2} = -\frac{6x}{(2 - x^2)^2}$

3. Die Ableitung: $b'(x) = \frac{1}{4\sqrt[4]{x^3}} - \frac{6x}{(2 - x^2)^2}$

Beispiel 3: $c(x) = (1 + 2x + 3x^2)(4x^3 + 5x^4 + 6x^5)$

$c'(x) = [(1 + 2x + 3x^2)(4x^3 + 5x^4 + 6x^5)]'$

1. c ist eine Produktfunktion. Es greift die Produktregel.
   $\Rightarrow c'(x) = (1 + 2x + 3x^2)(4x^3 + 5x^4 + 6x^5)' + (1 + 2x + 3x^2)'(4x^3 + 5x^4 + 6x^5)$
2. Die Einzelterme:
   Es greifen die Summen- und Potenzregel sowie die Regel über Konstanten.
   $(4x^3 + 5x^4 + 6x^5)' = 12x^2 + 20x^3 + 30x^4$
   $(1 + 2x + 3x^2)' = 2 + 6x$
3. Die Ableitung:
   $c'(x) = (1 + 2x + 3x^2)(12x^2 + 20x^3 + 30x^4) + (2 + 6x)(4x^3 + 5x^4 + 6x^5)$
   $c'(x) = 12x^2 + 52x^3 + 140x^4 + 162x^5 + 126x^6$

Test Kapitel 5

1 Bilden Sie die Ableitung von $f(x) = 2x^3 + 3x^2$ auf zwei unterschiedliche Arten: | 6 |

a) mithilfe von Ableitungsregeln; geben Sie die verwendeten Ableitungsregeln an.
b) mithilfe des Differenzenquotienten $\frac{\Delta y}{\Delta x}$ und anschließender Grenzwertbetrachtung.

2 Jemand behauptet: | 12 |

S: „Die Ableitung einer Summe ist die Summe der Ableitungen."
D: „Die Ableitung einer Differenz ist die Differenz der Ableitungen."
P: „Die Ableitung eines Produktes ist das Produkt der Ableitungen."
Q: „Die Ableitung eines Quotienten ist der Quotient der Ableitungen."

a) Schreiben Sie diese Behauptungen in Formelsprache.
b) Welche dieser Behauptungen sind richtig, welche falsch?
c) Beispiel: $x^2 = x \cdot x$; $x^3 = x \cdot x^2$; $x^4 = x \cdot x^3$
   Nutzen Sie diese Identitäten, um die Behauptung P zu bewerten.
d) Beispiel: $x = \frac{x^2}{x}$; $x^2 = \frac{x^3}{x}$; $x^3 = \frac{x^4}{x}$
   Nutzen Sie diese Identitäten, um die Behauptung Q zu bewerten.

3 Bilden Sie die Ableitungen. | 5 |

y	$(3x^2 + 4)\sqrt{x - 4}$	$\frac{1}{x}\sqrt{1 + x^2}$	$\frac{1 + x^4}{1 - x^4}$	$\frac{x^5 - 1}{x - 1}$	$\sqrt{1 + \sqrt{2 + x}}$
y'					

4 Die obere Hälfte des Einheitskreises beschreibt sich – PYTHAGORAS lässt grüßen – durch $x^2 + y^2 = 1, y \geq 0$. |9|

Wählen Sie auf dem Halbkreis verschiedene Punkte $P(x_0 \mid y_0)$ und bestimmen Sie für jeden dieser Punkte sowohl den Anstieg m_r des Radius als auch den Anstieg m_t der Tangente zeichnerisch und rechnerisch.

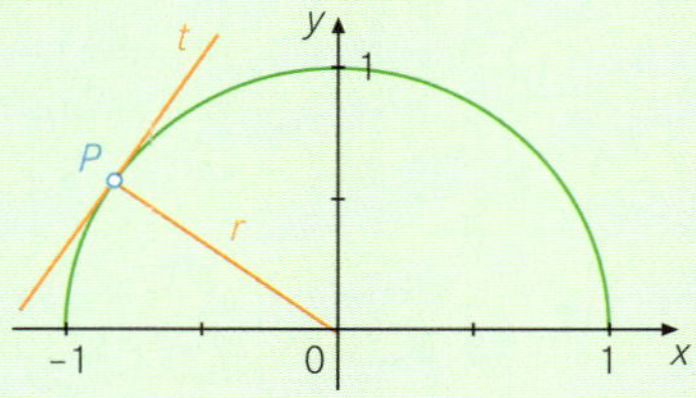

x_0	−0,8	−0,6	−0,4	−0,2	0,2	0,4	0,6	0,8
y_0								
m_r								
m_t								

a) Was fällt auf?

b) Wie lässt sich diese Auffälligkeit erklären?

||32||

Wie viele Punkte haben Sie? Erreichen Sie mehr als 26 Punkte, beherrschen Sie den Inhalt des Kapitels wirklich gut. Erreichen Sie weniger als 13 Punkte, dann sollten Sie dieses Kapitel wiederholen.

6 TRIGONOMETRISCHE FUNKTIONEN

Was Sie schon können müssen:

- ▷ grundlegende Kenntnisse über trigonometrische Funktionen
  Was bedeutet sin, cos, tan, cot?
- ▷ Was bedeuten Periodizität, Amplitude, Phasenverschiebung?
- ▷ Und auch hier: Wie bitte kommt man von der Sekante zur Tangente?

Darum geht es

- ▶ die Ableitung von Sinus-, Kosinus-, Tangens- und Kotangensfunktionen bestimmen, z. T. zeichnerisch, z. T. rechnerisch

6.1 Sinus- und Kosinusfunktion

Die Graphen

Die Graphen von Sinus und Kosinus lassen sich auf ähnliche Weise konstruieren: Ein Zeiger der Länge 1 dreht sich – ähnlich wie die Speiche eines Rades. Der Zeiger wird beleuchtet – einmal horizontal, das andere Mal vertikal. Sein Schatten zeigt es an – einmal den Sinus, das andere Mal den Kosinus.

Sinus

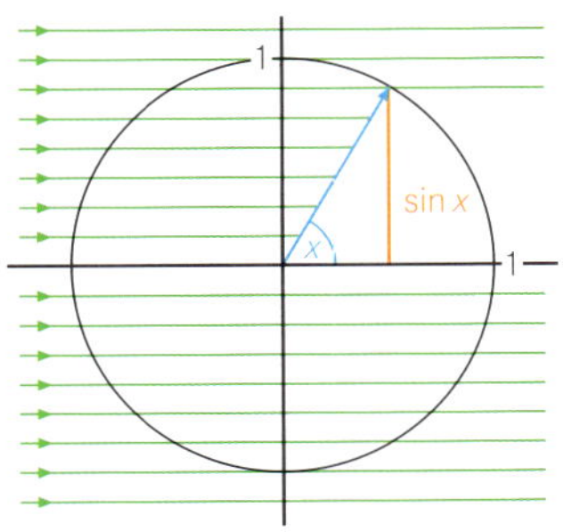

Kosinus

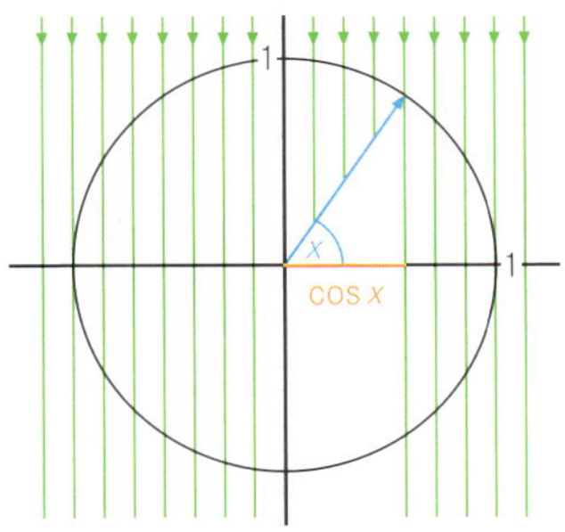

Grad- und Bogenmaß

Es genügt, von einigen Winkeln die zugehörigen Sinus- bzw. Kosinuswerte zu kennen, um ihre Graphen hinreichend genau zu zeichnen. Die folgende Tabelle ist dabei sehr hilfreich – und überdies leicht zu merken! (Übrigens, Grad- und Bogenmaß sind eng miteinander verknüpft. Es genügt zu wissen: 360° und 2π meinen beide den Vollwinkel.)

x im Gradmaß	0°	30°	45°	60°	90°
x im Bogenmaß	0	$\frac{\pi}{6}$	$\frac{\pi}{4}$	$\frac{\pi}{3}$	$\frac{\pi}{2}$
$\sin x$	$\frac{\sqrt{0}}{2}$	$\frac{\sqrt{1}}{2}$	$\frac{\sqrt{2}}{2}$	$\frac{\sqrt{3}}{2}$	$\frac{\sqrt{4}}{2}$
$\cos x$	$\frac{\sqrt{4}}{2}$	$\frac{\sqrt{3}}{2}$	$\frac{\sqrt{2}}{2}$	$\frac{\sqrt{1}}{2}$	$\frac{\sqrt{0}}{2}$

1 Bogen- und Gradmaß

a) Geben Sie die Winkel im Bogenmaß an.

α_g im Gradmaß	0°	10°	30°	36°	55°	200°	360°	1000°
α_b im Bogenmaß	0						2π	

b) Geben Sie die Winkel im Gradmaß an.

α_b im Bogenmaß	0	$\frac{\pi}{180}$	$\frac{\pi}{20}$	$\frac{\pi}{8}$	$\frac{5\pi}{9}$	1	2,7	100
α_g im Gradmaß								

c) Geben Sie eine Formel an, die α_b und α_g umzurechnen erlaubt.

Die Ableitung – zeichnerisch

Die Graphen – sorgfältig gezeichnet – verraten spätestens auf den zweiten Blick ihre Ableitungen.

Zur Erinnerung Die Ableitung an einer Stelle bedeutet geometrisch den Anstieg der Tangente.

Wir laden ein – ausgerüstet mit nichts anderem als Papier, Bleistift und Lineal –, **die Konstruktion der Ableitungsfunktion von Sinus bzw. Kosinus** von Hand nachzuvollziehen.

So wird's gemacht:

1. Zuerst wird die Sinus- bzw. die Kosinuskurve gezeichnet.
2. Dann werden an die Kurven Tangenten angepasst. An den Stellen 0, $\frac{\pi}{2}$; π; $\frac{3}{2}\pi$; 2π; ... erkennt man die Anstiege auf einen Blick; sie haben die Werte 0; 1 oder −1. An anderen Stellen muss gezählt und gemessen werden; so ist z. B. bei $x = \frac{\pi}{4}$ der Anstieg des Sinus etwa $\frac{3{,}5}{5} = 0{,}7$, jener des Kosinus etwa $\frac{-3{,}5}{5} = -0{,}7$.
3. Diese Werte werden in ein neues Koordinatensystem übertragen – es entsteht die Ableitungsfunktion!

Sinus

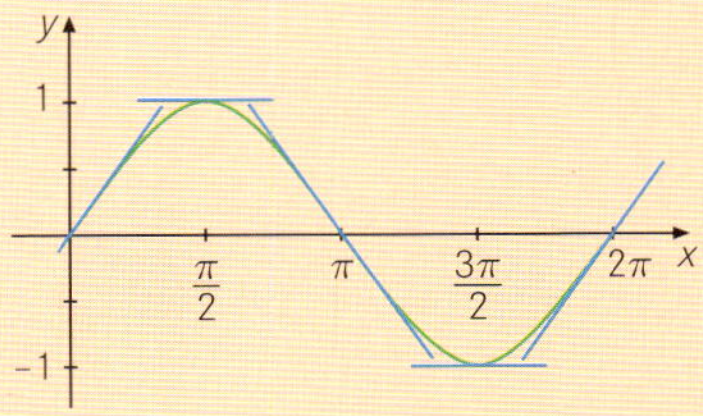

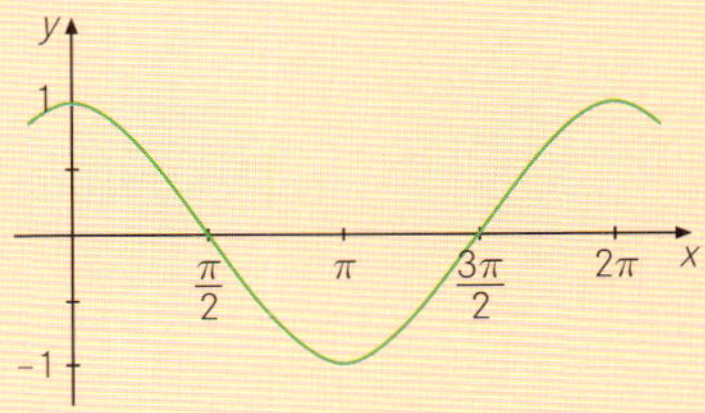

Ableitungsfunktion von Sinus

Sie ist wohl bekannt!

Sie ist dem Kosinus zum Verwechseln ähnlich! Wir wissen: Bilder allein haben keine Beweiskraft; doch hier wird die sich aufdrängende Vermutung fast zur Gewissheit:

$\sin' x = \cos x$

Kosinus

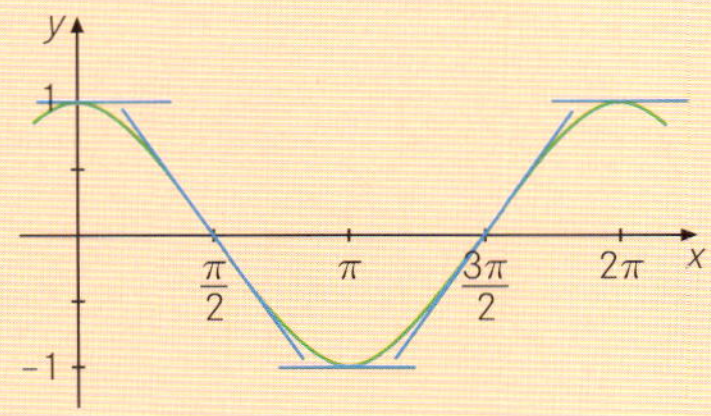

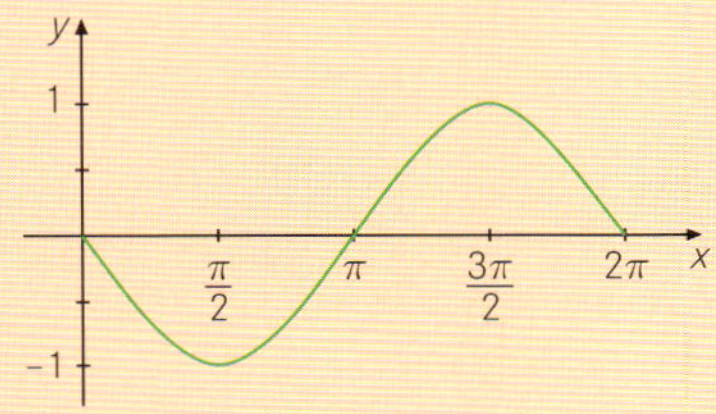

Ableitungsfunktion von Kosinus

Auch sie ist keine Unbekannte!

Sie erinnert an den Sinus – bis auf das Vorzeichen! Die Ähnlichkeit scheint mehr als nur Zufall zu sein. Wir halten fest:

$\cos' x = -\sin x$

2 **Der Graph ist aus Sinusbögen zusammengesetzt. Zeichnen Sie die Ableitungskurve.**

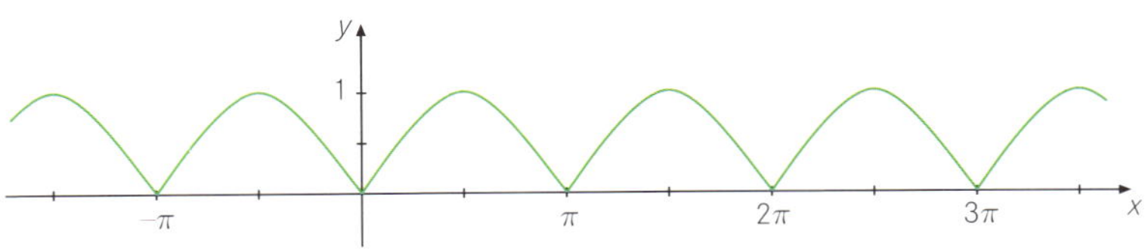

3 **Bilden Sie die Ableitungen.**

a) $a(x) = (x^3 + 5x^2 - 3) \sin x$

b) $b(x) = \sin 3x \cos x$

c) $c(x) = \sin^2 x + \cos^2 x$

d) $d(x) = \sin(\cos x)$

e) $e(x) = \sin^3 x + 4 \cos 2x$

6.2 Tangens- und Kotangensfunktion

Die Ableitung – rechnerisch

Tangens und Kotangens sind Quotienten bekannter Funktionen; ihre **Ableitungen** findet man daher am bequemsten **mit der Quotientenregel.**

$$\tan' x = \left(\frac{\sin x}{\cos x}\right)' = \frac{\cos x(\sin x)' - \sin x(\cos x)'}{\cos^2 x} = \frac{\cos^2 x + \sin^2 x}{\cos^2 x}$$

$$\cot' x = \left(\frac{\cos x}{\sin x}\right)' = \frac{\sin x(\cos x)' - \cos x(\sin x)'}{\sin^2 x} = \frac{-\sin^2 x - \cos^2 x}{\sin^2 x}$$

Dieses Ergebnis lässt sich noch etwas eleganter und kürzer fassen. In einem rechtwinkligen Dreieck der Hypotenuse 1 haben die Katheten die Längen $\sin x$ bzw. $\cos x$. Es ist der altehrwürdige PYTHAGORAS, der die so wichtige Beziehung zwischen Sinus und Kosinus stiftet: $\sin^2 x + \cos^2 x = 1^2$. Damit folgt:

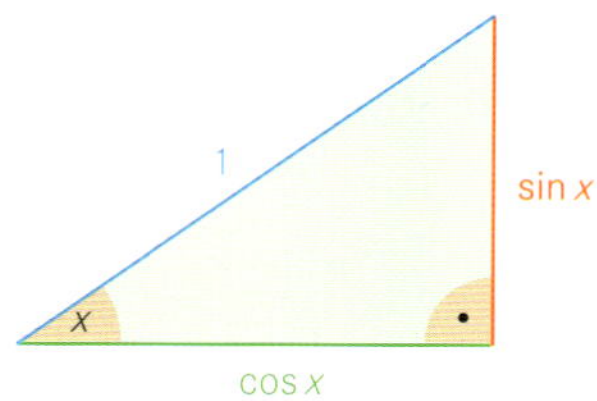

$$\tan' x = \frac{1}{\cos^2 x} \qquad \cot' x = -\frac{1}{\sin^2 x}$$

1 **Bilden Sie die Ableitungen.**

a) $f(x) = \tan(\cot x)$

b) $g(x) = \tan x \cdot \cot x$

c) $h(x) = \sqrt{\tan 2x + \cot 4x}$

d) $i(x) = \dfrac{\sin \pi x}{\tan(x + \pi)}$

2 **Trigonometrische Funktionen sind untereinander verwandt.**
Sie lassen sich durch andere trigonometrische Funktionen darstellen. Bilden Sie die Ableitungen und vergleichen Sie diese mit bekannten Ergebnissen.

a) $\cos x = \sin\left(x + \frac{\pi}{2}\right)$

b) $\cos x = \sqrt{1 - \sin^2 x}$

c) $\tan x = \dfrac{\sin x}{\sqrt{1 - \sin^2 x}}$

d) $\cot x = \dfrac{1}{\tan x}$

6.3 Beispiele

Beispiel 1: $a(x) = 2x \sin x$

a) Man bestimme die Ableitung von a.

b) Wie lautet die Tangentengleichung an der Stelle $x = \pi$?

Beispiel 2: $b(x) = \sin x \cos x$

a) Man bestimme die Ableitung von b.

b) An welchen Stellen hat die Ableitung den Wert 0?

c) An welchen Stellen hat die Ableitung den Wert 1?

Lösung

a) a ist eine *Produktfunktion*.

$\Rightarrow a'(x) = (2x \sin x)'$

$= 2x(\sin x)' + (2x)' \sin x$

$a'(x) = 2x \cos x + 2 \sin x$

b) Für die Tangente gilt:

1. Sie ist eine Gerade, d. h. von der Form $y = mx + n$.
2. Sie geht durch den Punkt $(\pi | a(\pi))$. Wegen $a(\pi) = 2\pi \cdot \sin \pi = 0$ ist deshalb: $0 = m\pi + n$.
3. Die Tangente hat an der Stelle $x = \pi$ die gleiche Steigung wie der Graph, d. h.: $a'(\pi) = 2\pi \cos \pi + 2 \sin \pi$ $= -2\pi = m$.

Aus 2. folgt damit $n = 2\pi^2$.

Die Tangentengleichung lautet:

$y = -2\pi x + 2\pi^2$

Lösung

a) b ist eine *Produktfunktion*.

$\Rightarrow b'(x) = (\sin x \cos x)'$

$= \sin x(\cos x)' + (\sin x)' \cos x$

$b'(x) = -\sin^2 x + \cos^2 x$

b) $b'(x) = 0 \Rightarrow -\sin^2 x + \cos^2 x = 0$

wegen $\sin^2 x + \cos^2 x = 1$:

$\Rightarrow \sin^2 x = \frac{1}{2}$

$\Rightarrow \sin x = +\frac{\sqrt{2}}{2}$ oder $\sin x = -\frac{\sqrt{2}}{2}$

Diese Sinuswerte werden wegen der Periodizität von unendlich vielen Winkeln realisiert.

$x = 45° + k \cdot 360°$;

$x = 135° + k \cdot 360°$;

$x = 225° + k \cdot 360°$;

$x = 315° + k \cdot 360°$; $k \in N$

c) $b'(x) = 1 \Rightarrow -\sin^2 x + \cos^2 x = 1$

$\Rightarrow \sin^2 x = 0$

$\Rightarrow \sin x = 0$

$x = 0° + k \cdot 180°, k \in N$

Test Kapitel 6

1 Die Abbildung zeigt den Graphen zu $y = \sin x$. | 14 |

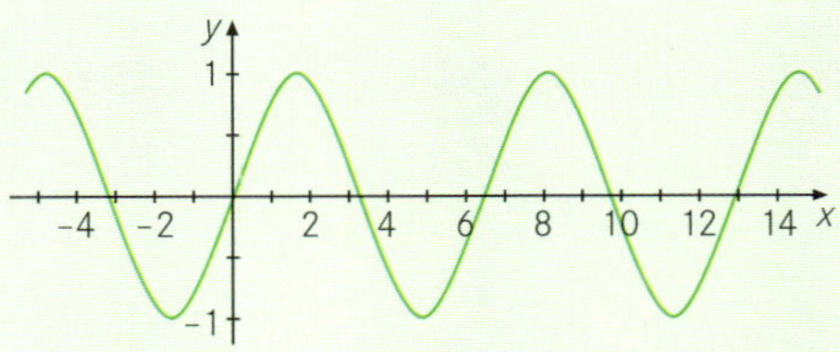

Zeichnen Sie jeweils den Graphen zu y = sin x und einen der nachfolgenden in das gleiche Koordinatensystem die Graphen zu

a) $y = \sin 2x$

b) $y = 2 \sin x$

c) $y = \sin \frac{1}{2}x$

d) $y = \sin\left(x + \frac{\pi}{2}\right)$

e) $y = \sin\left(x - \frac{\pi}{2}\right)$

f) $y = \sin x + \frac{\pi}{2}$

g) $y = a \sin(bx + c) + d$ kann man sich aus $y = \sin x$ entstanden denken. Was bewirken die Parameter a, b, c, d?

2 **Ordnen Sie jedem Graphen den ihm zugehörigen Funktionsterm zu.** |5|

a)

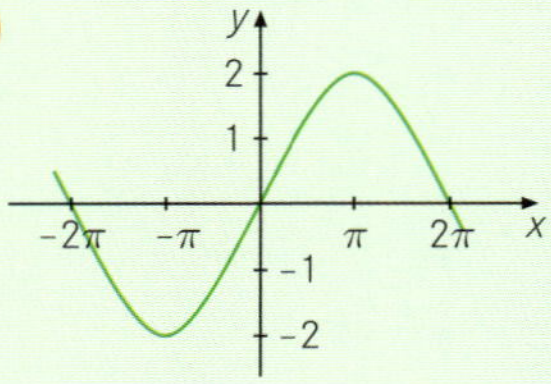

$2 \sin x$	☐
$2 \sin \frac{1}{2}x$	☐
$2 \sin 2x$	☐
$2 \sin (x - 2\pi)$	☐

b)

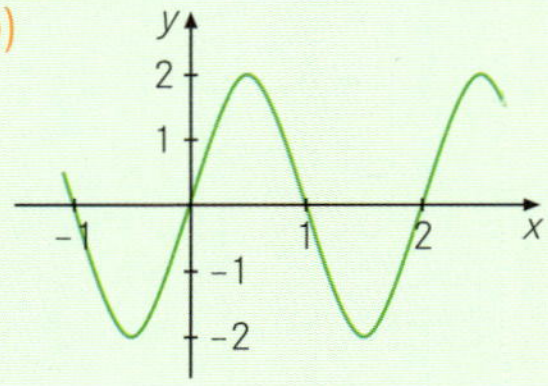

$2 \sin x$	☐
$2 \sin \pi x$	☐
$2 \sin 2\pi x$	☐
$2 \sin \frac{x}{\pi}$	☐

c)

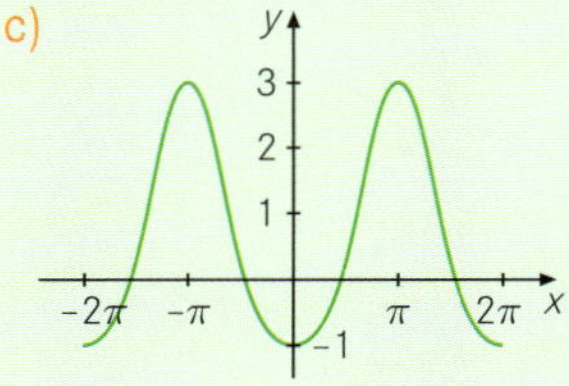

$3 \sin x$	☐
$2 + \sin x$	☐
$1 - 2 \cos 2x$	☐
$1 - 2 \cos x$	☐

d)

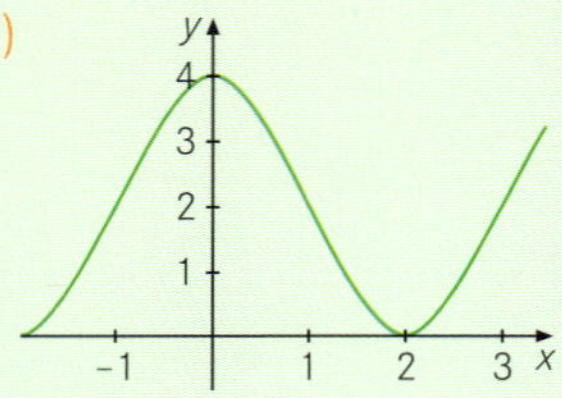

$4 \cos x$	☐
$4 \cos \frac{\pi}{2}x$	☐
$2 + 2 \cos \frac{\pi}{2}x$	☐
$2 + 2 \cos x$	☐

e)

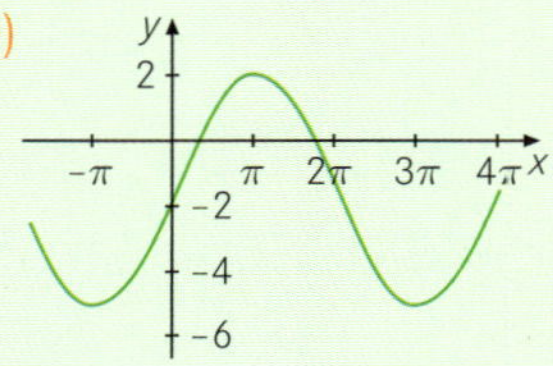

$-2 + 3 \sin \frac{1}{2}x$	☐
$-2 + 3 \sin x$	☐
$2 \sin (x - 2)$	☐
$-2 \sin (x - 5)$	☐

3 **Kreuzen Sie die richtige Ableitung an:** |5|

$(2 \cos 3x)'$	$(x \sin x)'$	$(\sin(x^2))'$	$(\sin^2 x)'$	$(\sin^2(x^2))'$
$2 \sin 3x$ ☐	$\sin x$ ☐	$2x \sin(2x)$ ☐	$2 \sin x \cos x$ ☐	$4 \sin(x^3)$ ☐
$6 \sin 3x$ ☐	$x \cos x$ ☐	$2x \sin(x^2)$ ☐	$2 (\sin x)^2 \cos x$ ☐	$4 \sin(x^3) \cos x$ ☐
$-6 \sin 3x$ ☐	$1 + \cos x$ ☐	$2 \cos(x^2)$ ☐	$2 \sin x$ ☐	$4x \sin(x^2) \cos(x^2)$ ☐
$-6 \cos x$ ☐	$\sin x + x \cos x$ ☐	$2x \cos(2x)$ ☐	$2 \cos x$ ☐	$2 \sin(x^2) \cos(x^2)$ ☐
$-6 \cos 3x$ ☐	$x \sin 1 + 1 \sin x$ ☐	$2x \cos(x^2)$ ☐	$(\cos x)^2$ ☐	$2 \cos(2x)$ ☐

||24||

Wie viele Punkte haben Sie? Erreichen Sie mehr als 19 Punkte, beherrschen Sie den Inhalt des Kapitels wirklich gut. Erreichen Sie weniger als 10 Punkte, dann sollten Sie dieses Kapitel wiederholen.

7 EXPONENTIAL-/LOGARITHMUSFUNKTIONEN

Was Sie schon können müssen:

- ▷ Grundlegende Kenntnisse über Exponential- und Logarithmusfunktionen: Was bedeuten 2^x, 10^x, e^x, a^x, und was der Logarithmus $\ln x$, $\lg x$, $\log_2 x$, $\log_a x$?
- ▷ Wie löst man einfache Exponentialgleichungen, wie einfache Logarithmusgleichungen?
- ▷ Und natürlich auch hier: Wie kommt man zur Tangente?

Darum geht es

- die Ableitung von Exponential- und Logarithmusfunktionen zeichnerisch und rechnerisch bestimmen

7.1 Exponentialfunktionen und ihre Ableitungen

Die Ableitung – grafisch

Darum geht es

Exponentialfunktionen haben ausnahmslos ein sehr charakteristisches und klares Outfit:

- Sie verlaufen alle durch den Punkt (0 | 1).
- Sie steigen unentwegt, wenn ihre Basis größer als 1 ist; zunächst fast unmerklich, dann aber stärker und immer stärker. Oder aber sie fallen unentwegt, wenn die Basis kleiner als 1 ist.

Wir untersuchen – stellvertretend für alle – die Exponentialfunktionen der Basis 2 bzw. 3.

Beispiele

Beispiel 1: der Graph zu $y = 2^x$

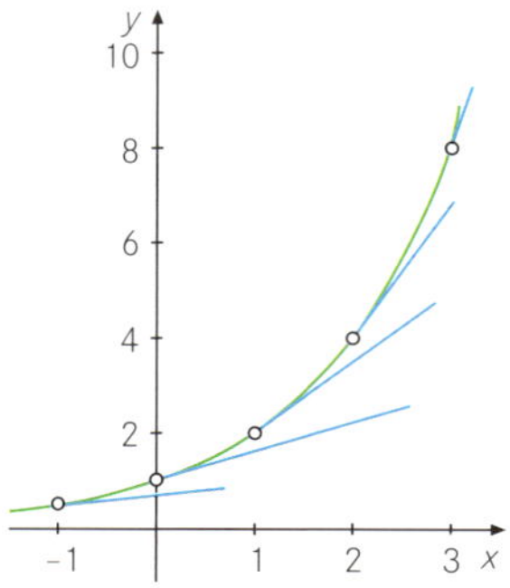

An einigen Stellen sind Tangenten gezeichnet. Ihre Steigungen werden festgestellt und in ein zweites Koordinatensystem übertragen.

Ableitung $y' = (2^x)'$:

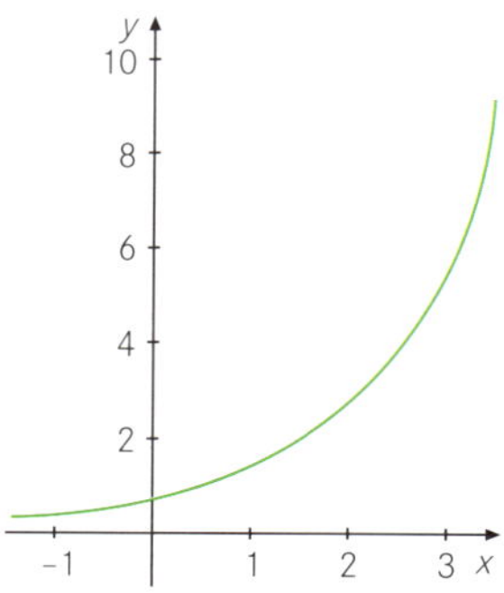

In der Tabelle sind einige Ableitungswerte festgehalten. Versuchen Sie, diese Konstruktionen selbstständig nachzuvollziehen.

Beispiel 2: der Graph zu $y = 3^x$

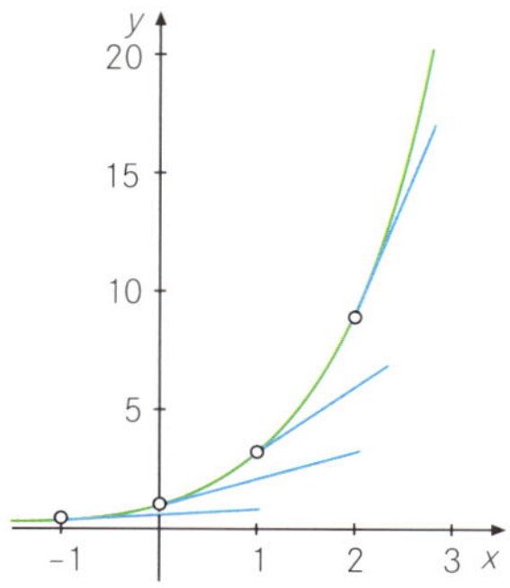

Je mehr Tangenten, je genauer die Zeichnung, desto genauer der Ableitungsgraph.

Ableitung $y' = (3^x)'$:

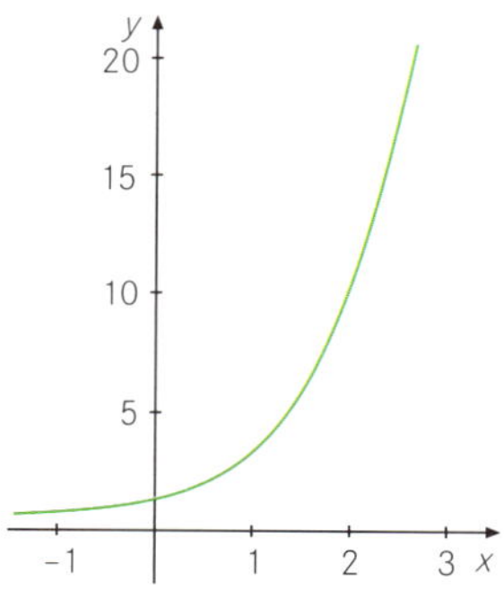

Bei genauerem Hinsehen erkennt man: Die Ableitungswerte y' verhalten sich ähnlich wie die Funktionswerte y; ihr Quotient hat jeweils ein und denselben Wert!

x	−1	0	1	2	3
$y = 2^x$	0,5	1	2	4	8
$y' = (2^x)'$	0,33	0,7	1,4	2,8	5,5
$\frac{y'}{y}$	0,66	0,7	0,7	0,7	0,69

Es gilt also: $y = 2^x$
$y' \approx 0,7 \cdot 2^x$ bzw.
$y' = y'_{x=0} \cdot 2^x$

x	−1	0	1	2	3
$y = 3^x$	0,33	1	3	9	27
$y' = (3^x)'$	0,33	1,1	3,3	10	30
$\frac{y'}{y}$	1	1,1	1,1	1,1	1,1

$y = 3^x$
$y' \approx 1,1 \cdot 3^x$ bzw.
$y' = y'_{x=0} \cdot 3^x$

Merke

Funktion und Ableitung einer Exponentialfunktion sind zueinander proportional; sie unterscheiden sich nur um einen konstanten Faktor. Dieser Faktor ist jeweils die Ableitung an der Stelle $x = 0$. Ist diese Ableitung an dieser Stelle exakt bekannt, dann ist die Ableitung an allen anderen Stellen auch bekannt.

1 Die Funktion $y = 10^x$

a) Zeichnen Sie mithilfe der Wertetabelle den Graphen der Funktion $y = 10^x$ im Bereich $[-1; +1]$.
Tipp Wählen Sie den Maßstab möglichst groß, um eine gute Zeichengenauigkeit zu erhalten.
b) Zeichnen Sie an der Stelle $x = 0$ die Tangente an den Graphen. Wie groß ist der Anstieg?
c) Geben Sie die Gleichung der Tangente an.
d) Geben Sie die Ableitungsfunktion zu $y = 10^x$ an. Wie groß ist der Anstieg der Tangenten an den Graphen von $y = 10^x$ an den Stellen $x = 1$; $x = 10$; $x = -1$; $x = -10$?

x	$y = 10^x$
−1,0	0,100
−0,8	0,158
−0,6	0,251
−0,4	0,398
−0,2	0,631
0	1,000
0,2	1,585
0,4	2,512
0,6	3,981
0,8	6,310
1,0	10,000

7.2 Die e-Funktion

Die e-Funktion – Gleiche unter Gleichen?

Darum geht es

Exponentialfunktionen mit verschiedenen Basen sind nicht wesentlich verschieden. Und so lässt sich auch jede Exponentialfunktion in eine Exponentialfunktion mit anderer Basis transformieren: Wem beispielsweise Exponentialfunktionen der Basis 13 nicht behagen, der kann sie in solche der Basis 2 oder 10 umschreiben! Sowohl in der Mathematik als auch in Anwendungen wird für Exponentialfunktionen mit Vorliebe die merkwürdig anmutende Basis e verwendet. Mathematiker bezeichnen sie als transzendente Zahl, um so ihren besonderen Charakter auszudrücken.

Zahl und Funktion e

Die Zahl e

Als Dezimalzahl lässt sich die Basis e stets nur in begrenzter Genauigkeit angeben; denn sie ist weder eine endliche noch eine unendlich-periodische Dezimalzahl. Und das sind ihre ersten Ziffern:

$e \approx 2{,}71828182845904523536028747135266249775724709369 9\ldots$

Sie lässt sich auch vollkommen exakt darstellen – freilich nur durch einen Grenzprozess! Wir geben (ohne nähere Begründung) die gängigsten Darstellungen an:

$e = \lim\limits_{n \to \infty} \left(1 + \frac{1}{n}\right)^n$ bzw.

$$e = \lim_{n \to \infty} \left(1 + \frac{1}{1} + \frac{1}{1 \cdot 2} + \frac{1}{1 \cdot 2 \cdot 3} + \frac{1}{1 \cdot 2 \cdot 3 \cdot 4} + \frac{1}{1 \cdot 2 \cdot 3 \cdot 4 \cdot 5} + \ldots + \frac{1}{1 \cdot 2 \cdot 3 \cdot 4 \cdot 5 \cdot \ldots \cdot n} + \ldots\right)$$

Die e-Funktion

Doch warum, so mag man fragen, wird diese so fremd und unhandlich anmutende Zahl e als Basis bevorzugt? Weil sie so bequem, so überaus bequem ist! Einen Hinweis darauf geben bereits die Exponentialfunktionen mit den Basen 2 bzw. 3. Für ihre Ableitungen haben wir $y' = (2^x)' \approx 0{,}7 \cdot 2^x$ bzw. $y' = (3^x)' \approx 1{,}1 \cdot 3^x$ gefunden. Funktion und Ableitungsfunktion unterscheiden sich nur um einen konstanten Faktor. Es lohnt sich deshalb, zwischen 2 und 3 nach jener Basis zu fahnden, bei der dieser Faktor den Wert 1 hat. Die Exponentialfunktion dieser Basis ist mit ihrer Ableitungsfunktion identisch. Genau das leistet die Funktion $y = e^x$. Wir untersuchen dies durch Zeichnung und Rechnung!

Für jede Exponentialfunktion, also auch für $y = e^x$, gilt: $y' = (e^x)' = c \cdot e^x$.

Es geht also darum, den Zahlenwert des Faktors c festzustellen.
Wir erinnern: c bedeutet die Ableitung bei $x = 0$, d. h. $c = y'_{x=0}$.

Zeichnerisch bedeutet $c = y'_{x=0}$ den Anstieg der Tangenten bei $x = 0$.

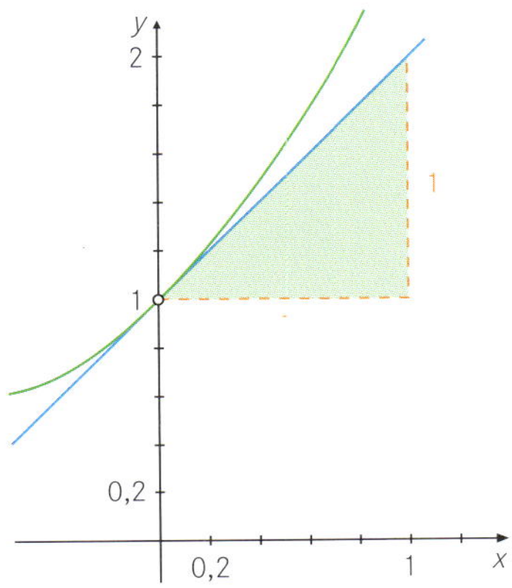

Die Zeichnung ergibt: $c = \frac{1}{1} = 1$.

Rechnerisch ist c der Grenzwert

$$c = \lim_{\Delta x \to 0} \left(\frac{e^{\Delta x} - 1}{\Delta x} \right).$$

Wir begnügen uns, diesen Grenzwertprozess ein Stück zu begleiten – mit dem Taschenrechner keine Mühe!

Δx	$\frac{e^{\Delta x} - 1}{\Delta x}$
0,1	1,05
0,01	1,005
0,001	1,000 5
0,0001	1,000 05
...	...

Die Zahlenbeispiele legen nahe: $c = 1$.

Das bedeutet: $y' = (e^x)' = e^x$

Merke Die e-Funktion $y = e^x$ ist mit ihrer Ableitungsfunktion identisch.

e^x und die anderen

Darum geht es

Zwar sind alle Exponentialfunktionen eng miteinander verwandt, aber keine weist eine so einfache und bequeme Ableitungsfunktion auf wie die e-Funktion. Und das ist auch der Grund, weshalb sie gegenüber allen anderen Exponentialfunktionen bevorzugt wird und weshalb man sich bemüht, Exponentialfunktionen in solche der Basis e umzuschreiben.
Wie lassen sich Exponentialfunktionen von einer Basis in eine andere umschreiben?
Was bedeutet das für die Ableitung einer Exponentialfunktion?

Beispiel

Wir machen dies deutlich, indem wir $y = 2^x$ in die Basis e transformieren.
$y = 2^x \rightarrow$ wegen $2 = e^{\ln 2}$ gilt: $\mathbf{y = 2^x = e^{x \ln 2}}$
Die so vorteilhafte Darstellung in der Basis e hat freilich ihre nachteilige Kehrseite; denn mit $y = e^{x \ln 2}$ liegt nunmehr eine verkettete Funktion vor. Diese Darstellung erlaubt dennoch – allerdings unter Anwendung der Kettenregel – die Ableitung von

$y = 2^x = e^{x\ln 2}$ exakt anzugeben:

$y' = (2^x)' = (e^{x\ln 2})'$

Mit $u = x \ln 2$ folgt: $y' = (e^u)'u'$

$y' = e^u \cdot \ln 2$

Also ist: $\mathbf{y' = (2^x)' = 2^x \cdot \ln 2}$

Das Beispiel $y = 2^x$ steht für alle.

Merke $y' = (2^x)' = 2^x \cdot \ln 2$

$y' = (3^x)' = 3^x \cdot \ln 3$

$y' = (a^x)' = a^x \cdot \ln a$

1 Geben Sie die Lösungen folgender Gleichungen an.

a) $3e^{2x} = 20$
b) $2e^{-0{,}3x} = 1$
c) $e^{4-2x} = 1$
d) $10^x = 2 \cdot 5^x$
e) $2 \ln x = 5$
f) $\ln(\ln 4x) = 0$

2 Bestimmen Sie die Ableitungen.

a) $y = 4e^x$
b) $y = 5e^x + x^3$
c) $y = 10^x + 0{,}1^x$
d) $y = \sin x\, e^x$
e) $y = 2e^{3-x}$
f) $y = x\sqrt{1 + e^x}$

7.3 Logarithmusfunktionen und ihre Ableitungen

Die Ableitung – grafisch

Darum geht es

Logarithmus- und Exponentialfunktionen sind eng miteinander verwandt. Der Graph einer Logarithmusfunktion lässt sich mühelos herstellen: Man braucht lediglich die entsprechende Exponentialfunktion an der 1. Winkelhalbierenden $y = x$ zu spiegeln. Jede Logarithmusfunktion ist die Umkehrfunktion einer Exponentialfunktion!

Die Eigenschaften der Logarithmusfunktionen lassen sich deshalb aus jenen der Exponentialfunktionen erschließen. Jede Logarithmusfunktion verläuft durch den Punkt $(0 \mid 1)$. Logarithmusfunktionen mit Basen größer als 1 steigen unentwegt, jene mit Basen kleiner als 1 fallen.

Beispiele

Wir präsentieren – stellvertretend für alle – die Logarithmusfunktionen der Basis e bzw. 10:

Beispiel 1: $f(x) = \ln x$

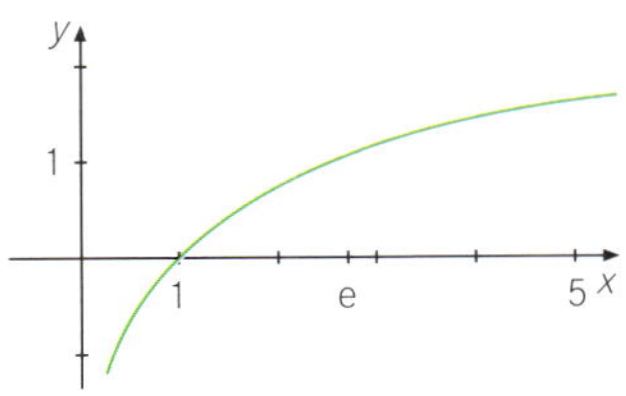

Beispiel 2: $f(x) = \lg x$

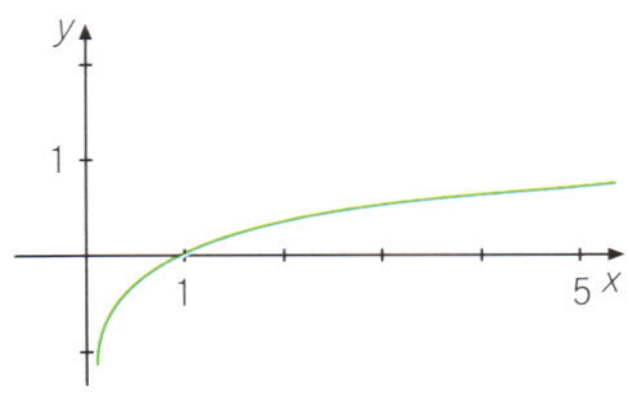

Wir laden ein, diese und weitere Graphen sorgfältig zu zeichnen, ihnen Tangenten anzupassen und ihre *Anstiege* in ein neues Koordinatensystem zu übertragen:

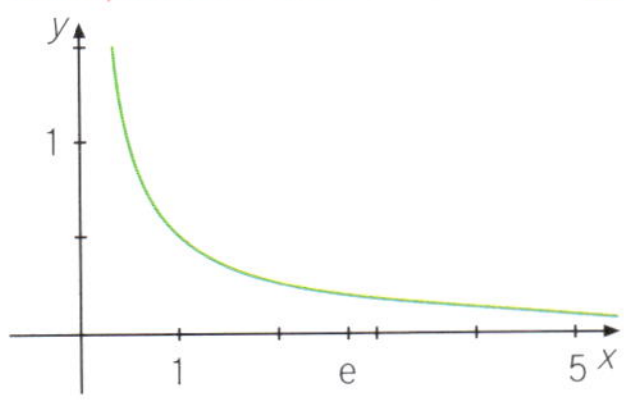

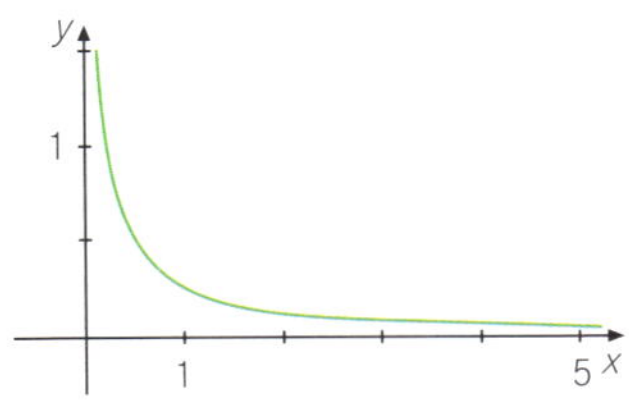

Einige wenige Ableitungswerte sind in den Tabellen festgehalten. Bei etwas genauerem Hinsehen wird auffallen: je größer x, desto kleiner y'. Wer wollte da nicht $y' \cdot x$ untersuchen!

x	0,5	1	2	5
$y' = (\ln x)'$	2	1	0,5	0,2
$y' \cdot x$	1	1	1	1

x	0,5	1	2	5
$y' = (\lg x)'$	1	0,5	0,25	0,1
$y' \cdot x$	0,5	0,5	0,5	0,5

Es folgt also: $y' = (\ln x)' \approx \frac{1}{x}$ $\qquad$ $y' = (\lg x)' \approx 0{,}5 \cdot \frac{1}{x}$

1 **Bestimmen Sie die Ableitungen.**

a) $y = \ln 2x$
b) $y = 3 \ln(e^x + e^3)$
c) $y = x^2 \ln x$
d) $y = 10^x \lg x$
e) $y = \ln(x^2 + 4x + 4)$
f) $y = \ln \sqrt{x}$

2 Die Funktion $y = 0{,}1 \cdot 10^{0{,}5x}$

a) Zeichnen Sie den Graphen der Funktion $y = 0{,}1 \cdot 10^{0{,}5x}$.
Tipp Bedenken Sie: Die Einheiten auf den Achsen sind hier recht unterschiedlich zu wählen!

b) Zeichnen Sie an den Stellen $x = 0$, $x = 1$, $x = 2$ die Tangenten an den Graphen und bestimmen Sie auf diese Weise die Anstiege an diesen Stellen.

c) Bestimmen Sie rechnerisch die Anstiege bei $x = 0$, $x = 1$, $x = 2$.
Wie heißen die Gleichungen der Tangenten an diesen Stellen?

Test Kapitel 7

1 Welche der angegebenen Umformungen ist richtig? |5|

$\ln (xy)^2 =$		$\lg (x^2 - y^2) =$		$\lg \frac{1}{x^2y^3} =$	
$\ln x^2 \cdot \ln y^2$	☐	$2\lg x - 2\lg y$	☐	$\frac{1}{2\lg x} + \frac{1}{3\lg y}$	☐
$(\ln x)^2 + (\ln y)^2$	☐	$\ln x^2 - \ln y^2$	☐	$-\frac{1}{2\lg x} - \frac{1}{3\lg y}$	☐
$\ln 2x + \ln 2y$	☐	$\lg (x+y) + \lg (x-y)$	☐	$-\frac{2}{\lg x} - \frac{3}{\lg y}$	☐
$2\ln x + 2\ln y$	☐	$\lg (x+y) \lg (x-y)$	☐	$-2\lg x - 3\lg y$	☐

$e^{2(x+y)} =$		$10^{4-x^2} =$	
$e^2 e^{x+y}$	☐	$10^4 - 10^{x^2}$	☐
$e^{2x} e^{2y}$	☐	$10^{2+x} 10^{2-x}$	☐
$e^{2x} + e^{2y}$	☐	$\frac{10^4}{100^x}$	☐
$2e^{2x} + e^{2y}$	☐	$\frac{10^4}{10^{x^2}}$	☐

2 **Was ist die Ableitung? Kreuzen Sie das richtige Ergebnis an.** |5|

$(e^{3-x})'$		$(e^{3x})'$		$(10^{3x})'$		$[\ln(1-3x)]'$		$[\lg(1-3x)]'$	
e^{3-x}	☐	e^{3x}	☐	10^{3x-1}	☐	$\frac{1}{1-3x}$	☐	$\frac{1}{1-3x}\frac{1}{\ln 10}$	☐
$3e^{3-x}$	☐	$3e^{2x}$	☐	$3 \cdot 10^{3x-1}$	☐	$\frac{3}{3x-1}$	☐	$\frac{1}{1-3x}\ln 10$	☐
$-e^{3-x}$	☐	$3e^{3x}$	☐	$10^{3x} \cdot 3\ln 10$	☐	$\frac{1}{3x}$	☐	$\frac{3}{3x-1}\frac{1}{\ln 10}$	☐
$-e^{2-x}$	☐	$3e^{3x-1}$	☐	$10^{3x}\ln e$	☐	$3x-1$	☐	$\frac{3}{3x-1}\ln 10$	☐

3 **Graphen und Tangenten** |9|

a) Zeichnen Sie die Graphen zu $y = e^x$, $y = e^{-x}$, $y = \ln|x|$ und ihre Tangenten in den Schnittpunkten mit den Koordinatenachsen.

b) Zeigen Sie: Die Tangenten bilden ein Quadrat.

c) Es werden nun die Graphen zu $y = 10^x$, $y = 10^{-x}$, $y = \lg|x|$ gewählt und entsprechend zu a) die Tangenten in den Schnittpunkten mit den Koordinatenachsen gezeichnet. Bilden diese Tangenten ebenfalls ein Quadrat?

4 **Wachstum der Weltbevölkerung** |9|

Zu Beginn des Jahres 2009 betrug die Weltbevölkerung rund 6,75 Milliarden Menschen. Sie wird nach Schätzungen der UNO bis zum Jahresende um rund 78 Millionen zunehmen. Im Folgenden gehen wir davon aus, dass sich die Bevölkerung mittelfristig weiter in diesem Sinne entwickelt.

a) Beschreiben Sie die Entwicklung der Weltbevölkerung formelmäßig.

b) Wie groß wird die Weltbevölkerung demnach in 10 Jahren sein?

c) In wie vielen Jahren wird sich die Weltbevölkerung demnach verdoppelt haben?

||28||

Wie viele Punkte haben Sie? Erreichen Sie mehr als 22 Punkte, beherrschen Sie den Inhalt des Kapitels wirklich gut. Erreichen Sie weniger als 11 Punkte, dann sollten Sie dieses Kapitel wiederholen.

8 GRAPHEN UND ABLEITUNGEN

Was Sie schon können müssen:

- ▷ Graphen zu Funktionen (zumindest) punktweise bestimmen
- ▷ Tangenten an Graphen anlegen
- ▷ Zusammenhang zwischen Verlauf eines Graphen und seiner Tangenten verstehen
- ▷ Ableitungen von Funktionen bilden

Darum geht es

Die besonderen Merkmale von Funktionen bestimmen: Monotonie, Krümmung, Extrema, Wendepunkte

8.1 Monotonie

Beispiel:

Wo geht es bei den Graphen bergauf, wo bergab?
Diese so simple Frage lässt sich nicht simpel beantworten! So kann man beispielsweise den abgebildeten Graphen zwischen *A* und *B* sowohl als steigend als auch als fallend beschreiben: als steigend, wenn man ihn von *A* nach *B* durchläuft, und als fallend, wenn man ihn von *B* nach *A* durchläuft!

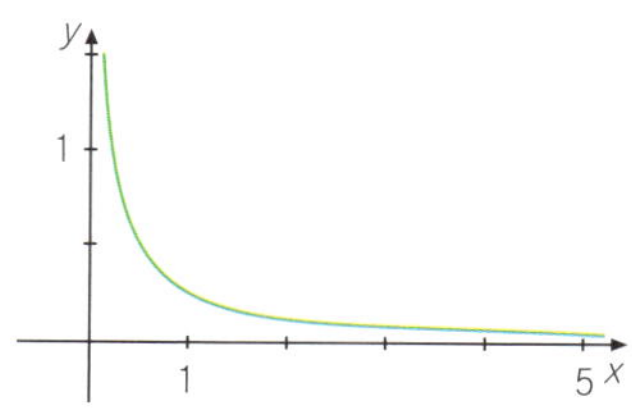

Solche Doppeldeutigkeiten erschweren die Verständigung.
Um sie zu vermeiden, werden Graphen stets so durchlaufen, wie die Achsenrichtungen es angeben; in x-Richtung wird üblicherweise von links nach rechts gelesen, in y-Richtung von unten nach oben. Der abgebildete Graph ist demnach bis *A* fallend, zwischen *A* und *B* ist er steigend, ab *B* ist er fallend!

Darum geht es

Die Monotonie eines Graphen, d. h. sein Steigen und Fallen, lässt sich mit unterschiedlichen Mitteln untersuchen. Die eine Methode besteht darin, benachbarte Funktionswerte zu vergleichen; die andere Methode verwendet die Ableitung.

Beispiele:

a)

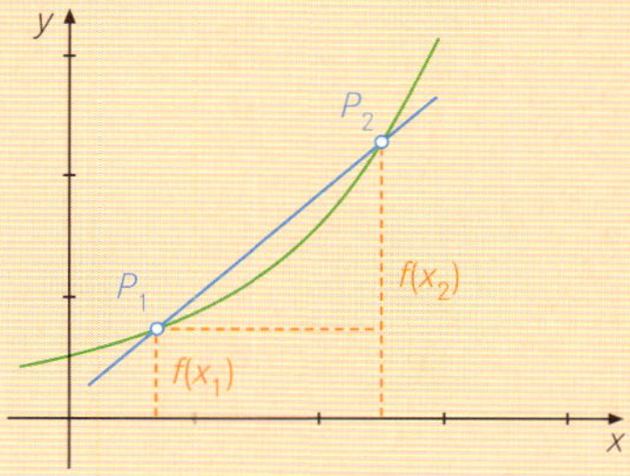

Der Graph ist (streng) **monoton steigend;** d. h.:

1. Für zwei benachbarte Stellen gilt: Der Funktionswert rechts ist größer als links.
   $x_1 < x_2 \Rightarrow f(x_1) < f(x_2)$.
2. $\dfrac{f(x_2) - f(x_1)}{x_2 - x_1} > 0$, d. h.
   der Sekantenanstieg ist positiv.

b)

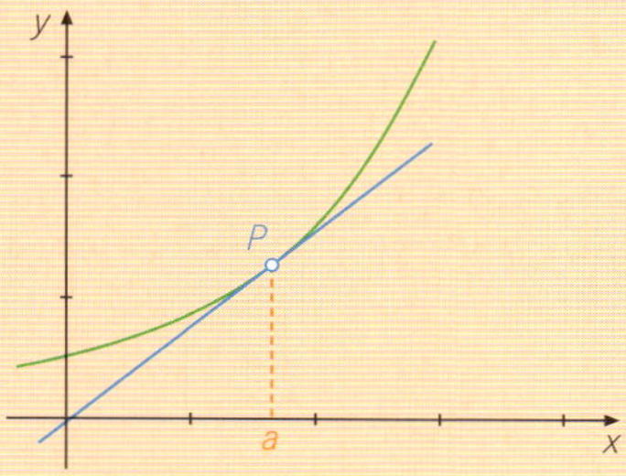

Der Graph ist (streng) **monoton steigend;** d. h.:
Der Anstieg ist an der Stelle a positiv: $f'(a) > 0$.

c)

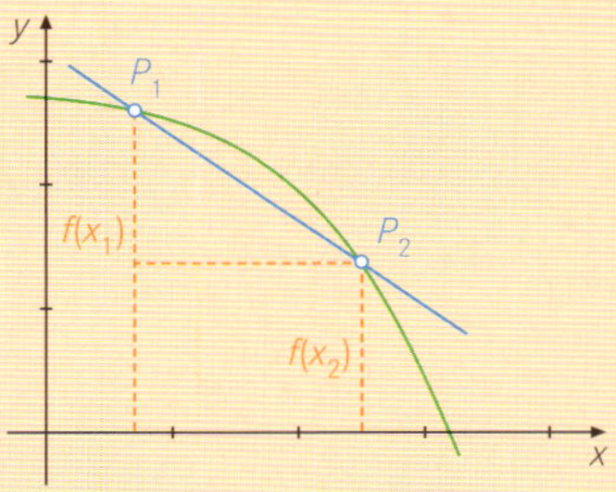

Der Graph ist (streng) **monoton fallend;** d. h.:

1. Für zwei benachbarte Stellen gilt: Der Funktionswert rechts ist kleiner als links.
   $x_1 < x_2 \Rightarrow f(x_1) > f(x_2)$.
2. $\dfrac{f(x_2) - f(x_1)}{x_2 - x_1} < 0$, d. h.,
   der Sekantenanstieg ist negativ.

d)

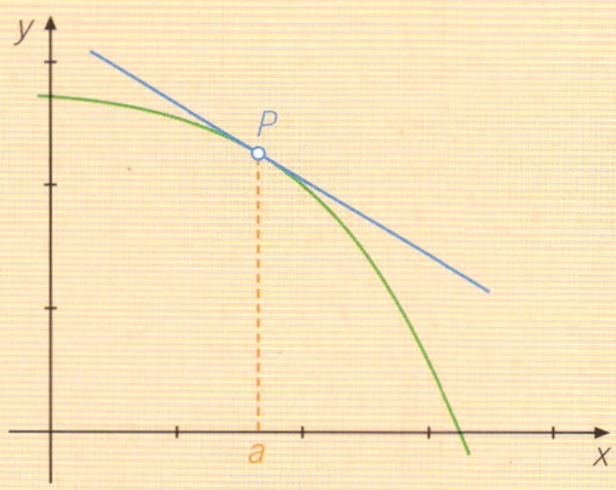

Der Graph ist (streng) **monoton fallend;** d. h.:
Der Anstieg ist an der Stelle a negativ: $f'(a) < 0$.

Monotonie

Die 1. Ableitung gibt Aufschluss über die Monotonie:
Ist $f'(a) > 0$, dann ist der Graph an der Stelle $x = a$ steigend.
Ist $f'(a) < 0$, dann ist der Graph an der Stelle $x = a$ fallend.

1 **Welche der abgebildeten Graphen sind für alle *x* monoton steigend?**

a)
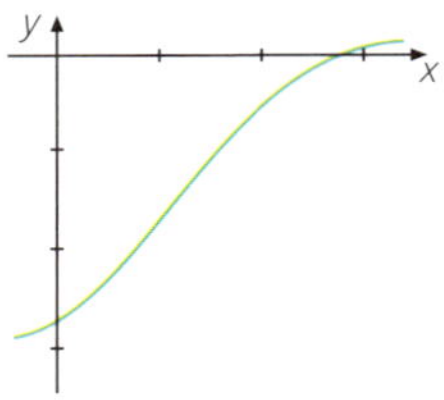

b)
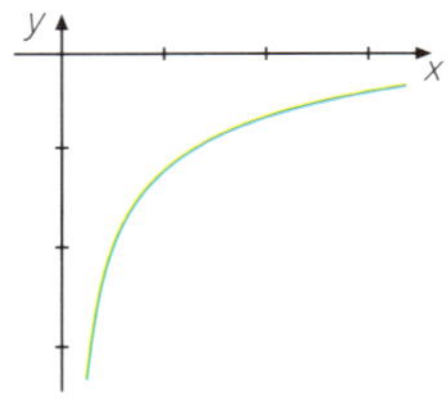

c)
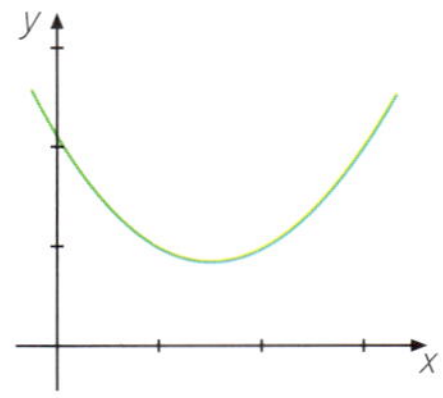

2 **Bei welcher der abgebildeten Funktionen ist die Ableitung für alle *x* positiv?**

a)
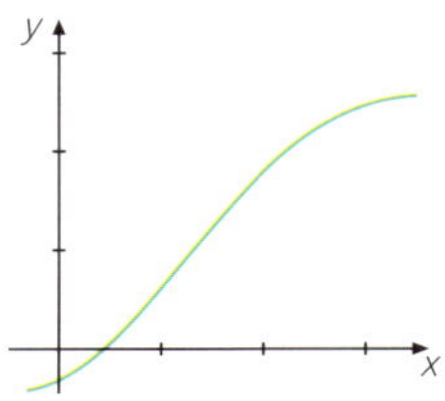

b)
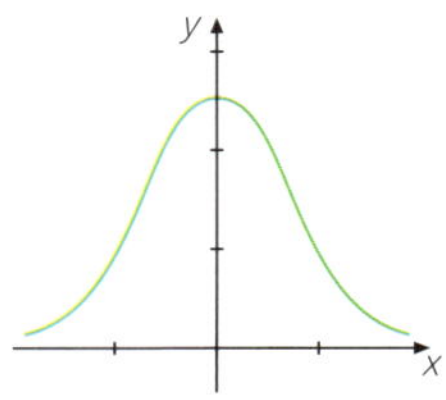

c)
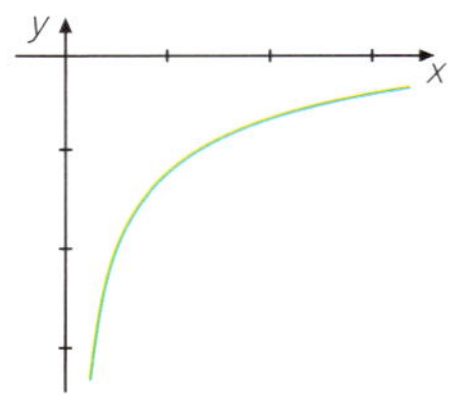

8.2 Krümmung

Darum geht es

Gleichgültig ob Rad- oder Autofahrer: Jeder weiß, was Rechts- und was Linkskurven sind. Bei der Krümmung von Graphen unterscheidet man ganz entsprechend Rechts- und Linkskurven. Und auch zur Untersuchung der Krümmung erweist sich die Ableitung als überaus nützlich.

Beispiel a:

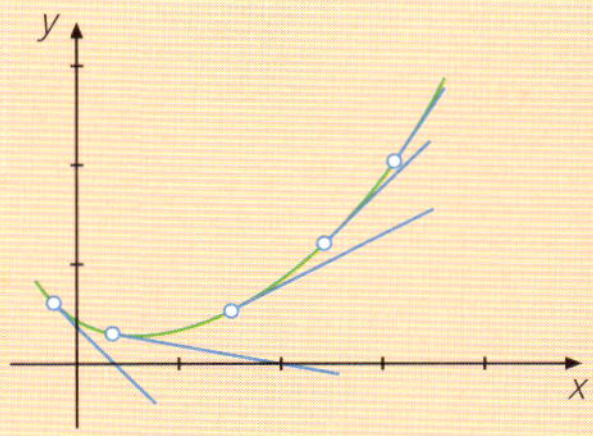

Der Graph ist links gekrümmt.
Die Ableitung wird größer und größer;
f' ist monoton wachsend.
Deshalb ist die Ableitung von f' positiv,
d. h. $f''(x) > 0$.

Beispiel b:

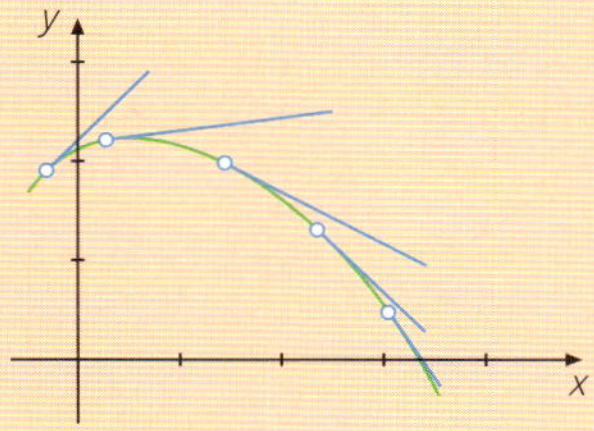

Der Graph ist rechts gekrümmt.
Die Ableitung wird kleiner und kleiner;
f' ist monoton fallend.
Deshalb ist die Ableitung von f' negativ,
d. h. $f''(x) < 0$.

Krümmung

Die 2. Ableitung gibt Aufschluss über die Art der Krümmung.
Ist $f''(a) > 0$, dann ist der Graph bei $x = a$ links gekrümmt.
Ist $f''(a) < 0$, dann ist der Graph bei $x = a$ rechts gekrümmt.

1 **Bei welchen der abgebildeten Graphen ist der Anstieg überall monoton wachsend, d. h. $f'(x)$ wachsend und damit $f''(x) > 0$?**

a)

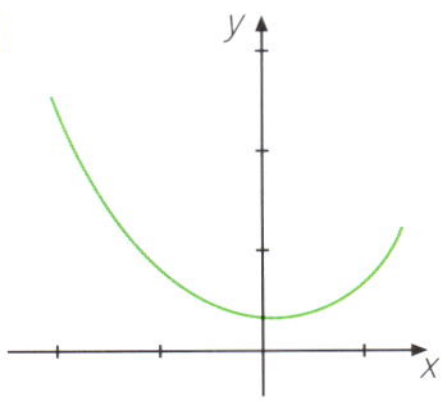

b)

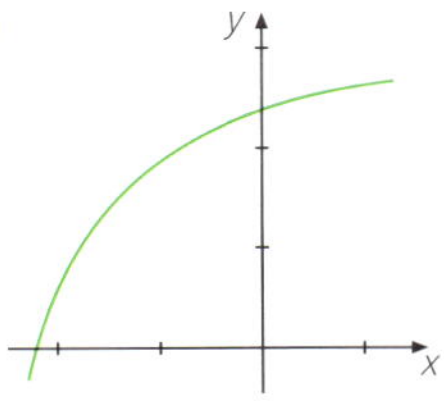

c)

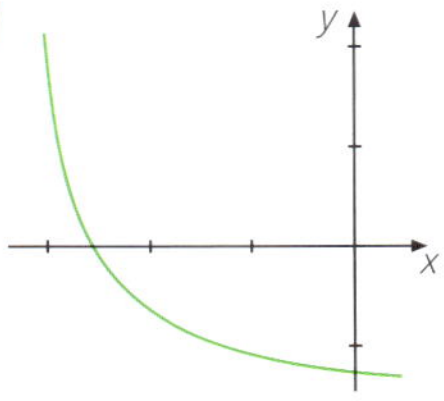

8.3 Extrema

Darum geht es

Extrema sind Maxima oder Minima. Ist $x = m$ eine Maximumstelle, dann ist der Funktionswert $f(m)$ an dieser Stelle größer, ist hingegen $x = m$ eine Minimumstelle, dann ist $f(m)$ kleiner als die Funktionswerte in der unmittelbaren Umgebung dieser Stelle. Extrema sind für Graphen sehr markante Stellen. Sie lassen sich ebenfalls mithilfe von Ableitungen rechnerisch erfassen.

Beispiel a:

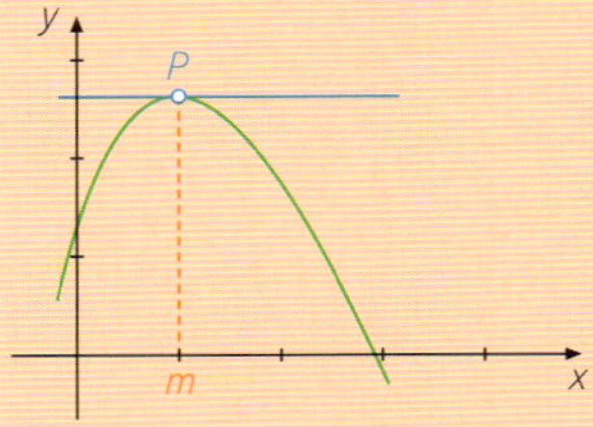

Der Graph hat bei $x = m$ ein Maximum. In $x = m$ ist der Anstieg des Graphen 0, außerdem ist er dort rechts gekrümmt; d. h. $f'(m) = 0$ und $f''(m) < 0$.

Beispiel b:

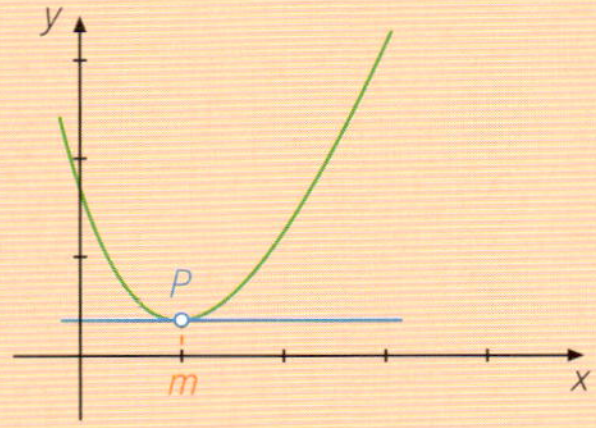

Der Graph hat bei $x = m$ ein Minimum. In $x = m$ ist der Anstieg des Graphen 0, außerdem ist er dort links gekrümmt; d. h. $f'(m) = 0$ und $f''(m) > 0$.

Extrema

Die 1. und die 2. Ableitung geben Aufschluss über Extrema.
Ist $f'(m) = 0$ und $f''(m) < 0$, dann hat der Graph bei $x = m$ ein Maximum.
Ist $f'(m) = 0$ und $f''(m) > 0$, dann hat der Graph bei $x = m$ ein Minimum.

8.4 Wendepunkte

Darum geht es

Wendepunkte sind jene Punkte, bei denen der Graph sein Krümmungsverhalten ändert und von einer Rechts- in eine Linkskurve übergeht oder umgekehrt. Es liegt auf der Hand, dass Wendepunkte in sehr engem Zusammenhang mit der 2. Ableitung stehen.

Beispiel a:

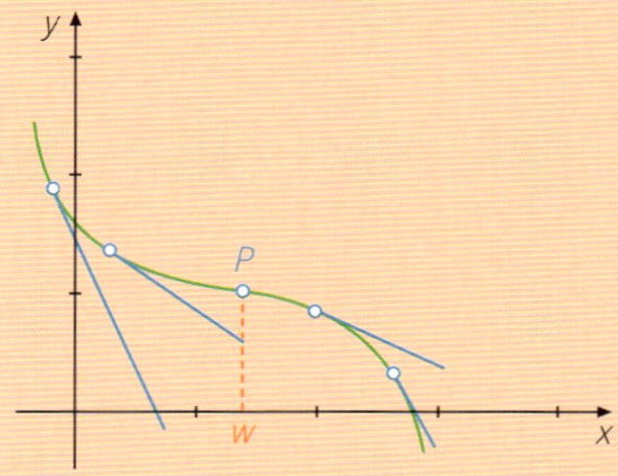

Beispiel b:

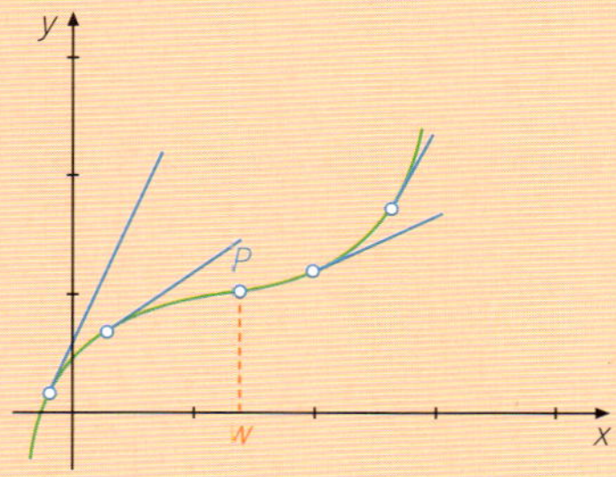

Der Graph hat bei $x = w$ einen Wendepunkt.
Er geht in $x = w$ von einer Links- in eine Rechtskurve über. Das bedeutet:

1. $f''(w) = 0$, denn f'' wechselt hier sein Vorzeichen.
2. Vor dieser Stelle war f'' positiv, danach ist f'' negativ. f'' ist in $x = w$ fallend, d. h. $f'''(m) < 0$.

Der Graph hat bei $x = w$ einen Wendepunkt.
Er geht in $x = w$ von einer Rechts- in eine Linkskurve über. Das bedeutet:

1. $f''(w) = 0$, denn f'' wechselt hier sein Vorzeichen.
2. Vor dieser Stelle war f'' negativ, danach ist f'' positiv. f'' ist in $x = w$ steigend, d. h. $f'''(m) > 0$.

Wendepunkte

Die 2. und die 3. Ableitung geben Aufschluss über Wendepunkte.
Ist $f''(w) = 0$ und $f'''(m) \neq 0$, dann hat der Graph bei $x = w$ einen Wendepunkt.

8.5 Beispielaufgabe

Die Funktion f ist gegeben durch $f(x) = \frac{1}{9}x^4 - 2x^2 + 5,\ x \in \mathbb{R}$.

a) Wo hat der Graph Extrema?
b) Wo ist der Graph rechts, wo links gekrümmt?
c) Wo hat der Graph Wendestellen?
d) Skizzieren Sie den Graphen.

Zuerst die Ableitungen: $f'(x) = \frac{4}{9}x^3 - 4x,\ f''(x) = \frac{4}{3}x^2 - 4,\ f'''(x) = \frac{8}{3}x$

1. Extrema: Sie sind dort möglich, wo $f'(x) = 0$ ist.
$f'(x) = 0 \Leftrightarrow \frac{4}{9}x^3 - 4x = 0 \Leftrightarrow x\left(\frac{4}{9}x^2 - 4\right) = 0$
$\Leftrightarrow x = 0$ oder $x = -3$ oder $x = 3$
Die 2. Ableitung informiert über die Krümmung und klärt die Art der Extrema.
$f''(0) = \frac{4}{3}\,0^2 - 4 = -4 < 0$, d. h. Maximum.

$f''(-3) = \frac{4}{3}\,(-3)^2 - 4 = 8 > 0$, d. h. Minimum.

$f''(3) = \frac{4}{3}\,3^2 - 4 = 8 > 0$, d. h. Minimum.

2. Krümmung: Man erkennt sie am Vorzeichen der 2. Ableitung.
$f''(x) < 0 \Leftrightarrow \frac{4}{3}x^2 - 4 < 0 \Leftrightarrow x^2 < 3$
$\Leftrightarrow -\sqrt{3} < x < \sqrt{3}$ Rechtskrümmung
$f''(x) > 0 \Leftrightarrow x < -\sqrt{3}$ oder $x > \sqrt{3}$ Linkskrümmung

3. Wendepunkte: Sie sind dort möglich, wo $f''(x) = 0$ ist. Krümmungswechsel wird garantiert durch $f'''(x) \neq 0$.

$f''(x) = 0 \Leftrightarrow x = -\sqrt{3}$ oder $x = \sqrt{3}$

$f'''(-\sqrt{3}) = \frac{8}{3}(-\sqrt{3}) \neq 0$, d. h. Wendepunkt.

$f'''(\sqrt{3}) = \frac{8}{3}(\sqrt{3}) \neq 0$, d. h. Wendepunkt.

4. Graph: In einer knappen Wertetabelle werden diese besonderen Stellen festgehalten.

x	-3	$-\sqrt{3}$	0	$\sqrt{3}$	3
$f(x)$	-4	0	5	0	-4
	MIN	WP	MAX	WP	MIN

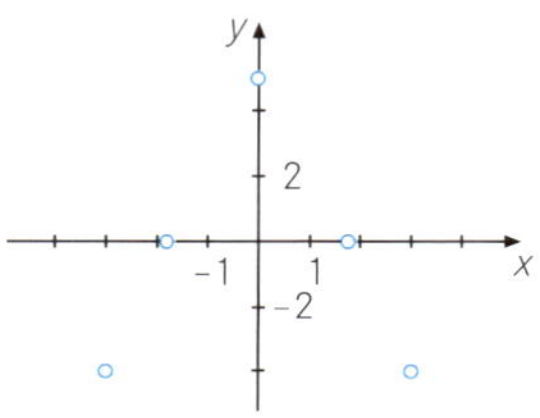

Die 5 besonderen Punkte.

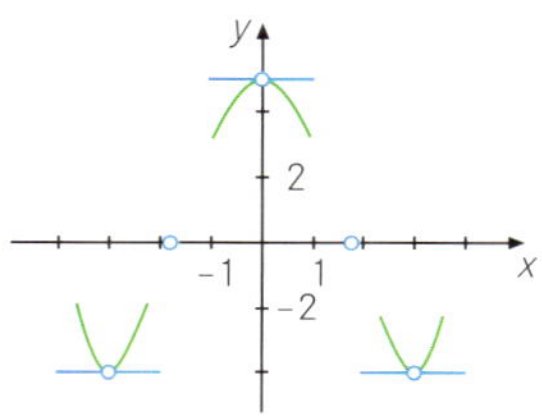

So sind Extrema bzw. Wendepunkte.

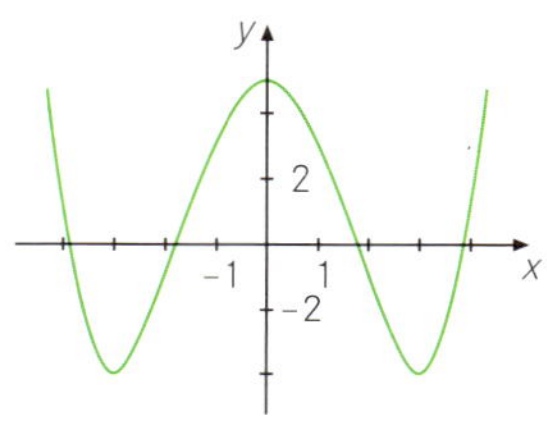

Der Graph!

1 Extrema und Wendepunkte

Vom Graphen einer Funktion f ist Folgendes bekannt: Seine Maxima sind in $H_1(-7|2)$, $H_2(0|10)$, $H_3(7|2)$, seine Minima in $T_1(-3|-6)$, $T_2(3|-6)$.

Er ist steigend bis H_1. Seine Wendepunkte sind $W_1(-9|1{,}5)$, $W_2(-2|0{,}5)$, $W_3(2|0{,}5)$, $W_4(9|1{,}5)$.

Zwischen W_1 und W_2 sowie zwischen W_3 und W_4 ist er links gekrümmt.

a) Stellen Sie diese Eigenschaften formelmäßig dar.

b) Zeichnen Sie einen möglichst einfachen Graphen mit diesen Eigenschaften.

2 Die Funktion f ist gegeben durch $f(x) = 2x^3 - 2x^2 - 16x + 24$.

a) Berechnen Sie die Extrem- und Wendestellen.

b) Wo ist der Graph steigend, wo fallend?

c) Wo ist der Graph rechts gekrümmt, wo links gekrümmt?

d) Skizzieren Sie den Graphen.

Test Kapitel 8

1 Bestimmen Sie näherungweise. |6|

a) Wie viele Extrema hat der Graph? Wo liegen sie – ungefähr?

b) Wie viele Wendepunkte hat der Graph? Wo liegen sie – ungefähr?

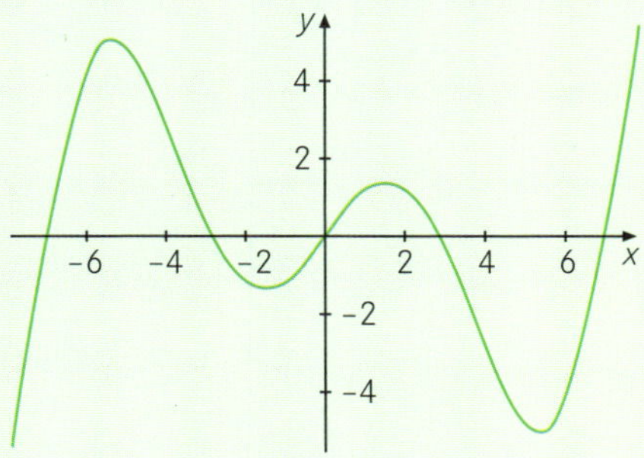

2 Beschreiben Sie den Graphen. |6|

Wo ist er monoton steigend, wo monoton fallend?
Wo ist er rechts gekrümmt, wo links gekrümmt?
Wo liegen Hochpunkte, wo Tiefpunkte, wo Wendepunkte?

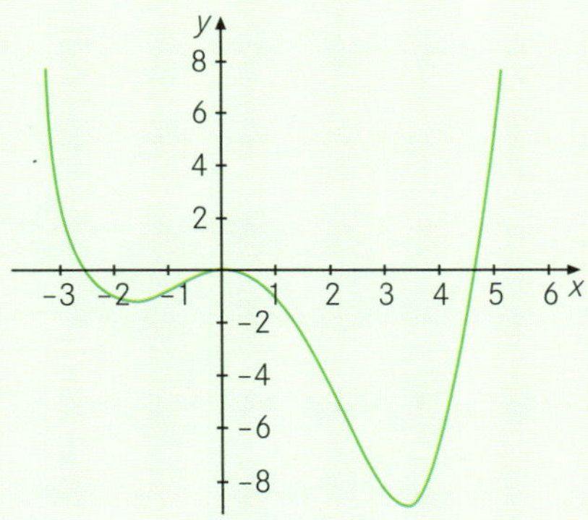

3 An welcher der angegebenen Stellen hat die jeweilige Funktion ein Minimum? |5|

$x^3 - 4{,}5x^2 - 12x$		$(x^2 - 2)(x^2 - 6)$		$\frac{2x}{1 + x^2}$		$\sin x \cos x$		$(x^2 - 3)\, e^{-x}$	
$x = 0$	☐	$x = -6$	☐	$x = -1$	☐	$x = 0$	☐	$x = -1$	☐
$x = \frac{4}{3}$	☐	$x = -2$	☐	$x = 0$	☐	$x = \frac{\pi}{4}$	☐	$x = \sqrt{3}$	☐
$x = \frac{8}{3}$	☐	$x = 0$	☐	$x = 1$	☐	$x = \frac{\pi}{2}$	☐	$x = e$	☐
$x = \frac{12}{3}$	☐	$x = \sqrt{2}$	☐	$x = 2$	☐	$x = \frac{3\pi}{4}$	☐	$x = 3$	☐

4 Skizzieren Sie die Graphen der Funktionen *a*, *b*, *c*, *d*, *e* in der Umgebung der Stelle $x = 2$. | 15 |

Von diesen Funktionen sind an der Stelle $x = 2$ (bzw. an der linken und rechten Nachbarstelle $x_l = 2^-$, $x_r = 2^+$) gewisse Daten bekannt, sie sind in der Tabelle festgehalten.

$a(2) = 1$ $a'(2) = 0$ $a''(2) > 0$	$b(2) = 1$ $b'(2) = 0$ $b''(2) < 0$	$c(2) = 1$ $c'(2) = 0$ $c''(2) = 0$ $c''(2^-) < 0$, $c''(2^+) > 0$	$d(2) = 1$ $d'(2) = 1$ $d''(2) < 0$	$e(2) = 1$ $e'(2) = -1$ $e''(2) = 0$ $e''(2^-) > 0$, $e''(2^+) < 0$

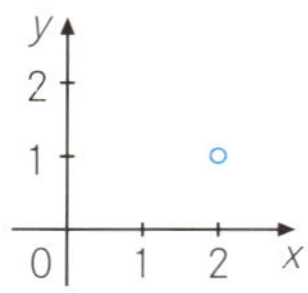

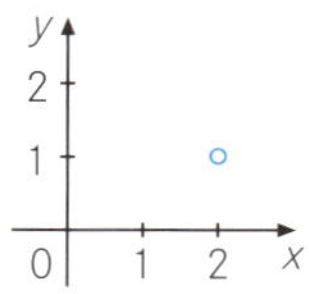

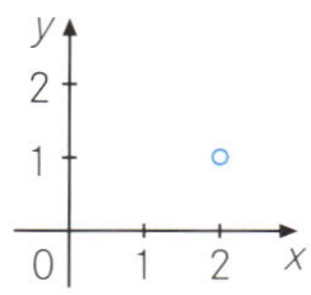

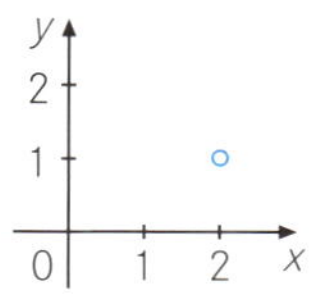

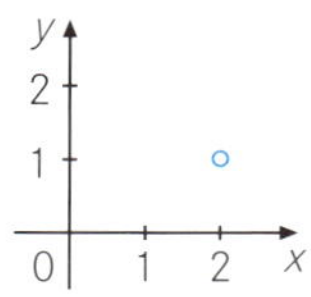

| | 32 | |

Wie viele Punkte haben Sie? Erreichen Sie mehr als 26 Punkte, beherrschen Sie den Inhalt des Kapitels wirklich gut. Erreichen Sie weniger als 10 Punkte, dann sollten Sie dieses Kapitel wiederholen.

9 KURVENDISKUSSION

Was Sie schon können müssen:

- Kenntnis der Grundfunktionen
- Ableitungen der Grundfunktionen
- fundamentale Ableitungsregeln
- Zusammenhänge zwischen Graphen und Ableitungen

Darum geht es

Die charakteristischen Eigenschaften von Funktionen mithilfe einer Kurvendiskussion ermitteln

9.1 Charakteristische Eigenschaften

Darum geht es

Graphen können mithilfe von Wertetafeln gezeichnet werden. Dies ist freilich eine sehr primitive Methode, denn sie zielt in keiner Weise auf die Besonderheit und Individualität der jeweiligen Funktion ab und kann zu Fehldeutungen führen.
Von ganz anderer Qualität ist die Kurvendiskussion; sie will typische und charakteristische Eigenschaften von Funktionen herausschälen.

In der nachfolgenden Liste sind solche Eigenschaften zusammengestellt. Im Anschluss daran wird an konkreten Beispielen die Methode der Kurvendiskussion verdeutlicht.

Eigenschaften von Funktionen

Eigenschaft Was sie bedeutet:	Wie man sie feststellt:
1. Maximaler Definitionsbereich D_{max}	
Er gibt an, in welchem Bereich die Funktionsvorschrift *f* angewandt werden kann und schließt jene Bereiche aus, in denen sie nicht ausführbar ist.	Man untersucht den Funktionsterm $f(x)$. Es geht um die Frage: Für welche *x* darf man $f(x)$ berechnen, für welche nicht?
2. Nullstellen	
Sie geben an, an welchen Stellen die Funktion den Wert 0 annimmt, d. h. jene Stellen, an denen der Graph die *x*-Achse schneidet.	Es ist nicht mehr und nicht weniger als die Gleichung $f(x) = 0$ zu lösen.
3a. Symmetrie	
Sie bedeutet, dass ein Teil des Graphen durch eine Bewegung in seinen anderen Teil überführt werden kann. Bei *Achsensymmetrie* zu *y*-Achse wird der Graph durch Klappen (Spiegeln) um diese Achse in sich überführt. Bei *Punktsymmetrie* zu $(0 \mid 0)$ wird er durch Drehen um 180° um $(0 \mid 0)$ in sich überführt.	Bei den erwähnten Symmetrien ist $f(x)$ mit $f(-x)$ zu vergleichen: $f(x) = f(-x)$ bedeutet *Achsensymmetrie* zur *y*-Achse. $f(x) = -f(-x)$ bedeutet *Punktsymmetrie* zum Nullpunkt.
3b. Periodizität	
Sie bedeutet, dass ein Teil des Graphen sich in regelmäßigen Abständen *p* wiederholt.	Es ist zu untersuchen, ob für alle *x* gilt: $f(x + p) = f(x)$. Periodizität ist eine typische Eigenschaft trigonometrischer Funktionen.
4. Asymptotisches Verhalten	
Es gibt das Verhalten des Graphen am Rand des Definitionsbereiches an, d. h. in der Nähe von nicht definierten Stellen und für sehr große $\lvert x \rvert$.	Es sind Grenzwerte von Funktionswerten zu berechnen: $\lim\limits_{x \to a} f(x)$, wenn *a* Randstelle ist; $\lim\limits_{x \to \pm\infty} f(x)$, d. h. für sehr große $\lvert x \rvert$.

Eigenschaft Was sie bedeutet:	Wie man sie feststellt:
5. Monotonie	
Sie gibt an, wo der Graph steigend und wo er fallend ist.	Sie lässt sich mithilfe der 1. Ableitung feststellen: bei $f'(x) > 0$ ist der Graph steigend; bei $f'(x) < 0$ ist er fallend.
6. Krümmungsverhalten	
Es gibt an, wo der Graph links und wo er rechts gekrümmt ist.	Es lässt sich mithilfe der 2. Ableitung feststellen: bei $f''(x) > 0$ ist der Graph links, bei $f''(x) < 0$ rechts gekrümmt.
7. Extrema	
Sie geben an, wo der Graph vom Fallen zum Steigen übergeht bzw. umgekehrt. Sie geben also die Maxima und die Minima an.	Sie lassen sich mithilfe der 1. und 2. Ableitung feststellen: $f'(x) = 0$ und $f''(x) < 0$: Maximum. $f'(x) = 0$ und $f''(x) > 0$: Minimum.
8. Wendepunkte	
Sie geben an, wo der Graph von einer Rechtskurve in eine Linkskurve übergeht oder umgekehrt.	Sie lassen sich mithilfe der 2. und 3. Ableitung feststellen: $f''(x) = 0$ und $f'''(x) \neq 0$: Wendepunkt.
9. Kurze Wertetabelle	
Es werden vor allem die besonderen Funktionswerte aufgenommen: Nullstellen, Extrema, Wendepunkte.	Sie lässt sich mithilfe des Funktionsterm bestimmen: $y = f(x)$.

1 **Geben Sie charakteristische Eigenschaften der abgebildeten Graphen an.**

a)

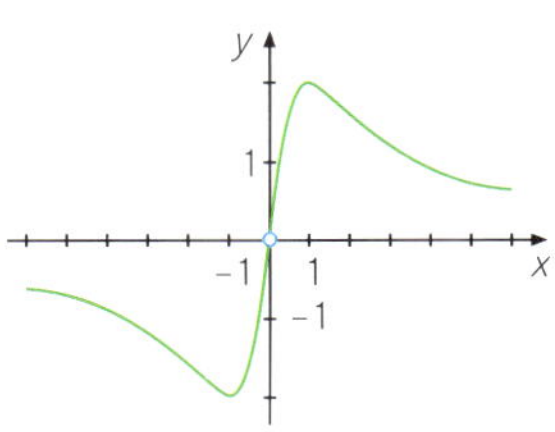

b)

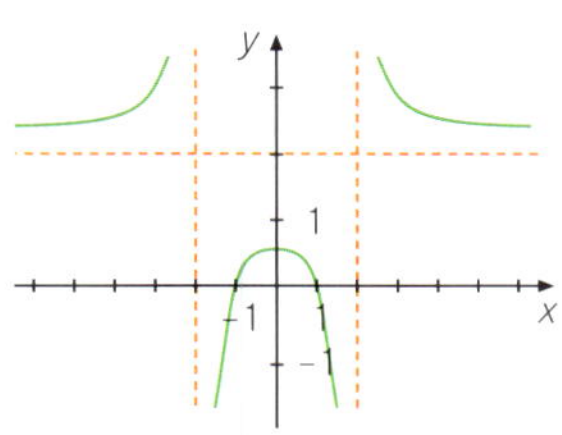

2 Welche Eigenschaften treffen auf den Graphen zu?

$D_f = \mathbb{R}\setminus\{-1; +1; +2\}$
$f(1) = 0{,}5 \wedge f'(1) = 0$
$f(0) = 0 \wedge f(1{,}5) = 0$
$f'(-2) < 0 \wedge f(1{,}5) > 0$
$f(3) = 2 \wedge f'(3) > 0$
$f(-2) = 0 \wedge f''(-2) > 0$
$f(-3) \cdot f''(-3) = 0$
$f'(-4{,}5) < 0 \wedge f''(-4{,}5) = 0$
$\lim\limits_{x \to \infty} \lvert f(x) - 1 \rvert = 0$
$\lim\limits_{x \to 2} \lvert f(x) - 2 \rvert = 0$

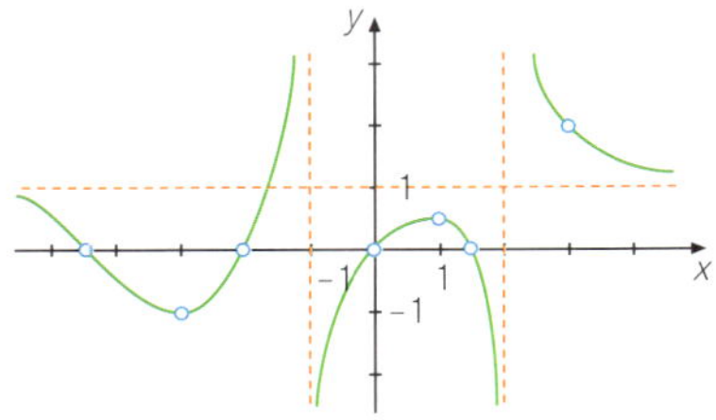

3 **Erläutern Sie die Bedeutung folgender Formeln und skizzieren Sie einen Graphen mit diesen Eigenschaften.**

$D_f = \mathbb{R}\setminus\{-\sqrt{3}; \sqrt{3}\}$

$f(0) = 0 \wedge f'(0) = 0 \wedge f''(0) = 0$

$f(3) = 4 \wedge f'(3) = 0 \wedge f'(3) \neq 0$

$f(-3) = -4 \wedge f'(-3) = 0 \wedge f''(-3) \neq 0$

$\lim\limits_{x \to \sqrt{3}^+} f(x) = +\infty$; $\lim\limits_{x \to \sqrt{3}^-} f(x) = -\infty$; $\lim\limits_{x \to -\sqrt{3}^+} f(x) = +\infty$; $\lim\limits_{x \to -\sqrt{3}^-} f(x) = -\infty$; $\lim\limits_{\lvert x \rvert \to \infty} \lvert f(x) - x \rvert = 0$

9.2 Diskussion von Polynomfunktionen

Beispiel 1

Gegeben sei: $f: x \to f(x) = \frac{1}{3}(x^4 - 8x^3 + 18x^2)$.

1. Maximaler Definitionsbereich

$f(x)$ berechnet sich durch Multiplizieren, Addieren und Dividieren durch 3. Das ist ausnahmslos für alle Zahlen möglich!

$D_f = \mathbb{R}$

2. Nullstellen

$f(x) = 0 \Rightarrow \frac{1}{3}x^2\,(x^2 - 8x + 18) = 0$

$\Rightarrow x = 0 \vee x^2 - 8x + 16 = -2 \Rightarrow x = 0 \vee (x-4)^2 = -2$

$x = 0$

3. Symmetrie
Ein Beispiel zeigt es: $f(1) = \frac{11}{3}$;
$f(-1) = 9$, d. h.: weder $f(1) = f(-1)$ noch $f(1) = -f(-1)$.
Weder achsensymmetrisch zur y-Achse noch punktsymmetrisch zu $(0 \mid 0)$.

4. Asymptotisches Verhalten
Es ist $f(x)$ für $x \to \infty$, $x \to -\infty$ zu untersuchen:

$$\lim_{x\to\infty} f(x) = \lim_{x\to\infty} \frac{x^4}{3}\left(1 - \frac{8}{x} + \frac{18}{x^2}\right) = \infty$$

$$\lim_{x\to-\infty} f(x) = \lim_{x\to-\infty} \frac{x^4}{3}\left(1 - \frac{8}{x} + \frac{18}{x^2}\right) = \infty$$

$f(x) \to \infty$ für $x \to \infty$
$f(x) \to \infty$ für $x \to -\infty$

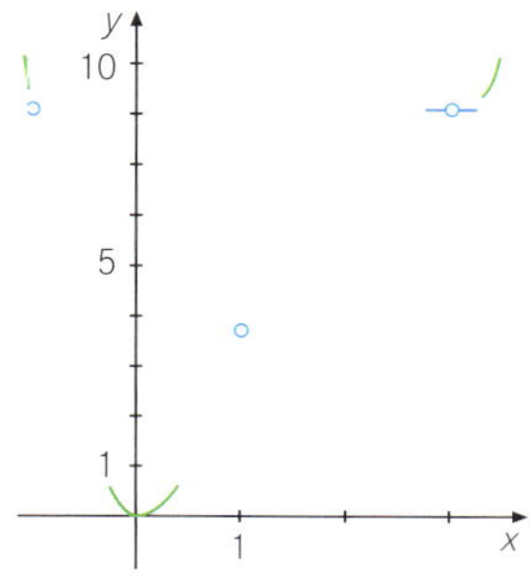

Nullstelle, Extrem- und Wendestellen, asymptotisches Verhalten

5. Extrema
Die Ableitungen: $f'(x) = \frac{1}{3}(4x^3 - 24x^2 + 36x)$

$f''(x) = \frac{1}{3}(12x^2 - 48x + 36)$; $f'''(x) = \frac{1}{3}(24x - 48)$

$f'(x) = 0 \Rightarrow \frac{4}{3}x(x^2 - 6x + 9) = \frac{4}{3}x(x-3)^2 = 0 \Rightarrow x = 0 \vee x = 3$
$f''(0) = 12 > 0 \Rightarrow$ Minimum
$f''(3) = 0 \Rightarrow$ Extremum ungewiss
$(0 \mid f(0))$ Minimum
$(3 \mid f(3))$ Extremum ungewiss

6. Wendepunkte

$$\begin{aligned} f''(x) = 0 &\Rightarrow \tfrac{1}{3}(12x^2 - 48x + 36) = 0 \\ &\Rightarrow 4(x^2 - 4x + 3) = 0 \\ &\Rightarrow x = 3 \vee x = 1 \end{aligned}$$

$f'''(1) = -8 \neq 0 \Rightarrow$ Wendestelle
$f'''(3) = 8 \neq 0 \Rightarrow$ Wendestelle
$(1 \mid f(1))$ Wendepunkt
$(3 \mid f(3))$ Wendepunkt

7. Kurze Wertetafel

x	-1	0	1	3	5
y	9	0	$\frac{11}{3}$	9	25
		MIN	WP	WP	

Hinweis Monotonie und Krümmung werden, wie auch hier, häufig übergangen – wenn der Verlauf des Graphen ohnehin klar ist.

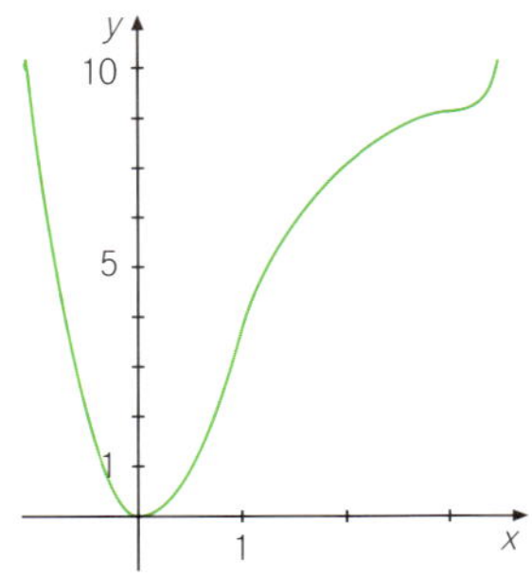

Der Graph

Beispiel 2

Gegeben sei: $f: x \to f(x) = x^3 - \frac{1}{15}x^5$.

1. Maximaler Definitionsbereich

$f(x) = x^3 - \frac{1}{15}x^5$ lässt sich ausnahmslos für jedes x berechnen.

$D_f = \mathbb{R}$

2. Nullstellen

$f(x) = 0 \Rightarrow x^3\left(1 - \frac{1}{15}x^2\right) = 0 \Rightarrow x = 0 \vee x = -\sqrt{15} \vee x = \sqrt{15}$

$x = -\sqrt{15},\ x = 0,\ x = \sqrt{15}$

3. Symmetrie

$f(-x) = (-x)^3 - \frac{1}{15}(-x)^5$

$= -x^3 + \frac{1}{15}x^5 = -f(x)$

Punktsymmetrie zu $(0\,|\,0)$.

4. Asymptotisches Verhalten

Definitionsrand bedeutet hier $x \to \pm\infty$.

$\lim\limits_{x \to \infty} f(x) = \lim\limits_{x \to \infty} x^5\left(\frac{1}{x^2} - \frac{1}{15}\right) = -\infty$

$\lim\limits_{x \to -\infty} f(x) = \lim\limits_{x \to -\infty} x^5\left(\frac{1}{x^2} - \frac{1}{15}\right) = \infty$

Für sehr große $|x|$ wächst $f(x)$ über alle Grenzen: rechts nach unten über alle Grenzen, links nach oben.

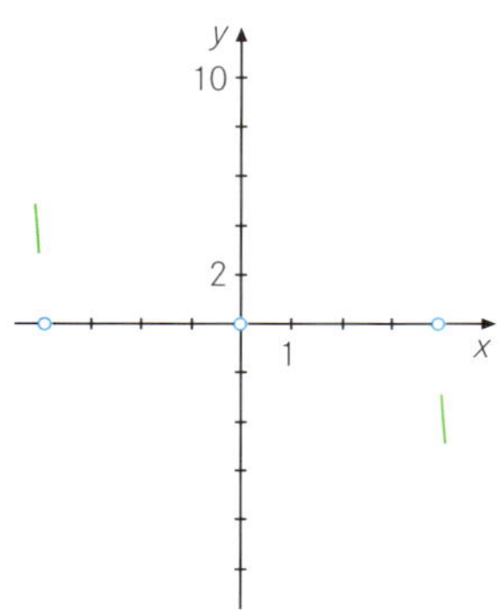

Nullstellen, asymptotisches Verhalten, Symmetrie

5. Extrema

Die Ableitungen: $f'(x) = 3x^2 - \frac{1}{3}x^4$;

$f''(x) = 6x - \frac{4}{3}x^3$; $f'''(x) = 6 - 4x^2$

$f'(x) = 0 \Rightarrow x^2\left(3 - \frac{1}{3}x^2\right) = 0$

$\Rightarrow x = 0 \vee x = 3 \vee x = -3$

$f''(0) = 0$ Extremum nicht garantiert

$f''(3) = -18 < 0 \Rightarrow$ Maximum

$f''(-3) = 18 > 0 \Rightarrow$ Minimum

$(-3 \mid f(-3))$ Minimum

$(0 \mid f(0))$ Extremum ungewiss

$(3 \mid f(3))$ Maximum

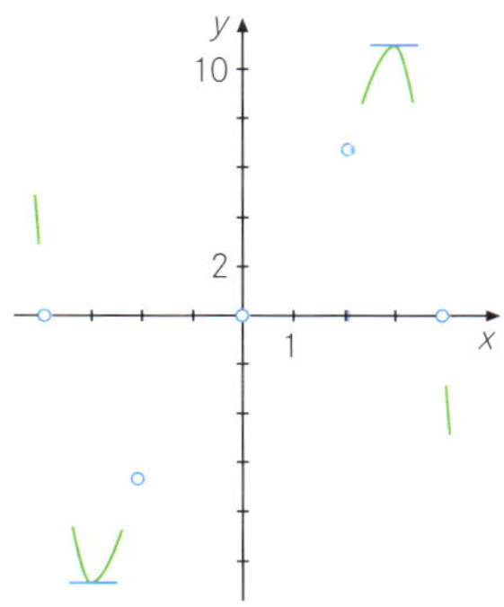

Extrema, Wendepunkte

6. Wendepunkte

$f''(x) = 0 \Rightarrow x\left(6 - \frac{4}{3}x^2\right) = 0 \Rightarrow x = 0 \vee x = \frac{3\sqrt{2}}{2} \vee x = -\frac{3\sqrt{2}}{2}$

$f'''(0) = 6 \neq 0 \Rightarrow$ Wendestelle

$f'''\left(\frac{3\sqrt{2}}{2}\right) = -12 \neq 0 \Rightarrow$ Wendestelle

$f'''\left(-\frac{3\sqrt{2}}{2}\right) = -12 \neq 0 \Rightarrow$ Wendestelle

$\left(-\frac{3\sqrt{2}}{2} \mid f\left(-\frac{3\sqrt{2}}{2}\right)\right)$ Wendepunkt

$(0 \mid f(0))$ Wendepunkt

$\left(\frac{3\sqrt{2}}{2} \mid f\left(\frac{3\sqrt{2}}{2}\right)\right)$ Wendepunkt

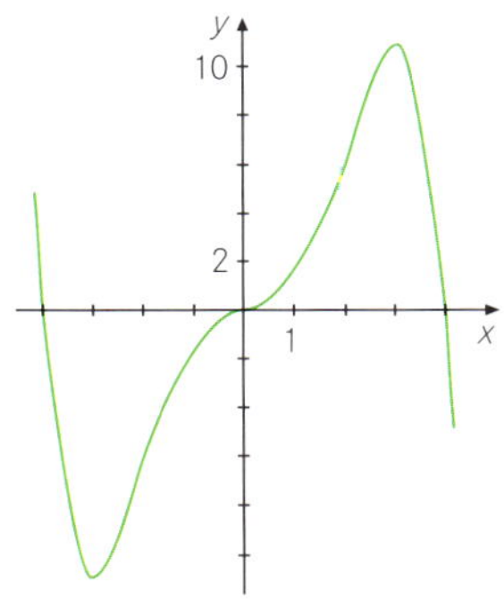

Der Graph

7. Kurze Wertetabelle

x	$-\sqrt{15}$	-3	$-\frac{3\sqrt{2}}{2}$	0	$\frac{3\sqrt{2}}{2}$	3	$\sqrt{15}$
y	0	$-\frac{54}{5}$	$-\frac{189\sqrt{2}}{40}$	0	$\frac{189\sqrt{2}}{40}$	$\frac{54}{5}$	0
	NS	MIN	WP	WP	WP	MAX	NS

1 **Diskutieren Sie die folgenden Funktionen und zeichnen Sie ihre Graphen.**

a) $a(x) = \frac{1}{4}x^3 - 3x^2 + 9x$

b) $b(x) = \frac{1}{2}x^4 - 3x^2 + 4$

9.3 Diskussion von Bruchfunktionen

Beispiel 1

Gegeben sei: $f: x \to f(x) = \frac{x^3 + 16}{4x}$.

1. Maximaler Definitionsbereich

Funktionswerte existieren nicht, wenn der Nenner 0 wird, d. h. für $x = 0$.

$D_f = \mathbb{R} \setminus \{0\}$

2. Nullstellen

$f(x) = 0 \Rightarrow x^3 + 16 = 0 \Rightarrow x = -\sqrt[3]{16} \in D_f$

$x = -\sqrt[3]{16}$

3. Symmetrie

Nicht einmal die Nullstelle liegt symmetrisch.

Weder achsensymmetrisch zur y-Achse noch punktsymmetrisch zu $(0 \mid 0)$.

4. Asymptotisches Verhalten

Randverhalten bedeutet hier die Untersuchung für $x \to \pm\infty$ und $x \to 0$:

$$\lim_{x \to \infty} f(x) = \lim_{x \to \infty} \frac{x^3 + 16}{4x} = \lim_{x \to \infty} \left(\frac{x^2}{4} + \frac{4}{x}\right) = \frac{x^2}{4}$$

$$\lim_{x \to -\infty} f(x) = \lim_{x \to -\infty} \frac{x^3 + 16}{4x} = \lim_{x \to -\infty} \left(\frac{x^2}{4} + \frac{4}{x}\right) = \frac{x^2}{4}$$

Für $x \to \pm\infty$ ist $y = \frac{x^2}{4}$ Asymptote.

$$\lim_{x \to 0} f(x) = \lim_{x \to 0} \left(\frac{x^2}{4} + \frac{4}{x}\right) = \lim_{x \to 0} \frac{4}{x} \to \pm\infty$$

Oder genauer: Für $x \to 0$ ist $y = \frac{4}{x}$ Asymptote.

$f(x) \to \frac{x^2}{4}$ für $x \to +\infty$

$f(x) \to \frac{x^2}{4}$ für $x \to -\infty$

$f(x) \to +\infty$ für $x \to 0^+$

$f(x) \to -\infty$ für $x \to 0^-$

($x \to 0^+$ meint, dass x von rechts, also von der positiven Seite, gegen 0 strebt.)

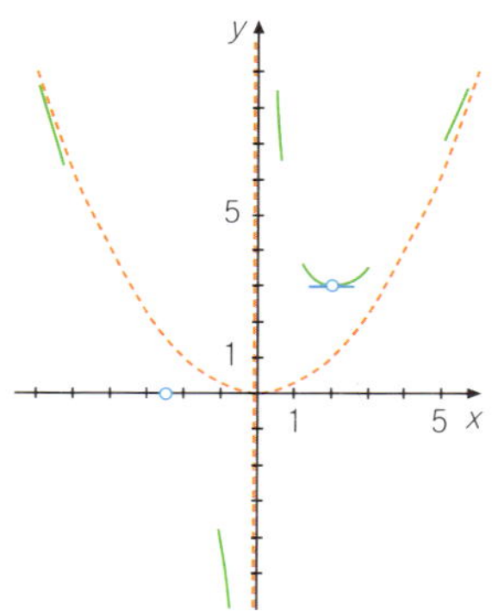

Nullstelle, Extrema, Wendepunkt, Asymptoten

5. Extrema

Wir erinnern: $f(x) = \frac{x^3 + 16}{4x} = \frac{x^2}{4} + \frac{4}{x}$

$f'(x) = \frac{x}{2} - \frac{4}{x^2}$; $f''(x) = \frac{1}{2} + \frac{8}{x^3}$; $f'''(x) = -\frac{24}{x^4}$

$f'(x) = 0 \Rightarrow \frac{x}{2} - \frac{4}{x^2} = 0 \Rightarrow x = 2$

$f''(2) = \frac{3}{2} > 0 \;\Rightarrow$ Minimum

$(2 \,|\, f(2))$ Minimum

6. Wendepunkte

$f''(x) = 0 \Rightarrow \frac{1}{2} + \frac{8}{x^3} = 0 \Rightarrow x = -\sqrt[3]{16}$

$f'''\left(-\sqrt[3]{16}\right) \neq 0 \;\Rightarrow$ Wendestelle

$\left(-\sqrt[3]{16} \,|\, f\left(-\sqrt[3]{16}\right)\right)$ Wendepunkt

7. Kurze Wertetafel

x	-4	$-\sqrt[3]{16}$	0	2	4
y	3	0	–	3	5
		WP	nicht definiert	MIN	

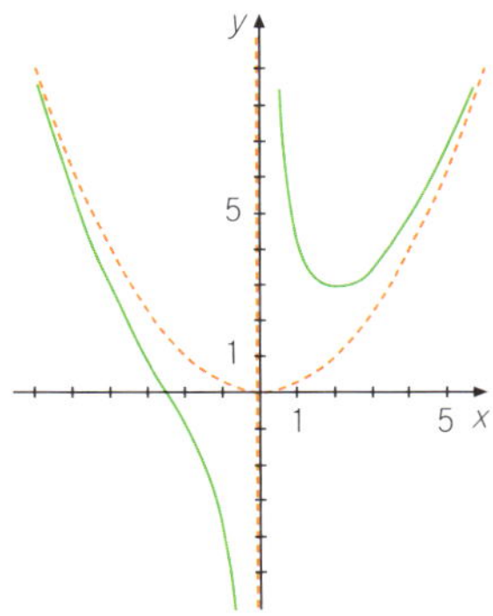

Der Graph

Beispiel 2

Gegeben sei: $f: x \to f(x) = \frac{(x-1)^2}{(x+1)^2}$.

1. Maximaler Definitionsbereich

$f(x)$ lässt sich nicht berechnen, wenn $(x+1)^2 = 0$, d. h. $x = -1$ ist.

$D_f = \mathbb{R} \setminus \{-1\}$

2. Nullstellen

$f(x) = 0 \Rightarrow (x-1)^2 = 0 \Rightarrow x = 1$

$x = 1$ Nullstelle

3. Symmetrie

Die Nullstellen, die Definitionslücke - sie liegen nicht symmetrisch.

Weder achsensymmetrisch zur y-Achse noch punktsymmetrisch zu $(0 \,|\, 0)$.

4. Asymptotisches Verhalten

Rand bedeutet hier: $x \to \pm\infty$ und $x \to -1$.

a) $\lim\limits_{x \to \infty} f(x) = \lim\limits_{x \to \infty} \dfrac{x^2\left(1 - \frac{1}{x}\right)^2}{x^2\left(1 + \frac{1}{x}\right)^2} = 1$

b) $\lim\limits_{x \to -\infty} f(x) = \lim\limits_{x \to -\infty} \dfrac{x^2\left(1 - \frac{1}{x}\right)^2}{x^2\left(1 + \frac{1}{x}\right)^2} = 1$

c) Wir transformieren $x + 1 = h$,
$x \to -1$ bedeutet $h \to 0$:

$\lim\limits_{x \to -1} f(x) = \lim\limits_{h \to 0} \dfrac{(-2 + h)^2}{h^2}$

$= \lim\limits_{h \to 0} \left(\frac{-2}{h} + 1\right)^2 = +\infty$

Gleichgültig ob h vom Positiven oder Negativen gegen 0 strebt.

$f(x) \to 1$ für $x \to +\infty$

$f(x) \to 1$ für $x \to -\infty$

$f(x) \to +\infty$ für $x \to -1^+$

$f(x) \to +\infty$ für $x \to -1^-$

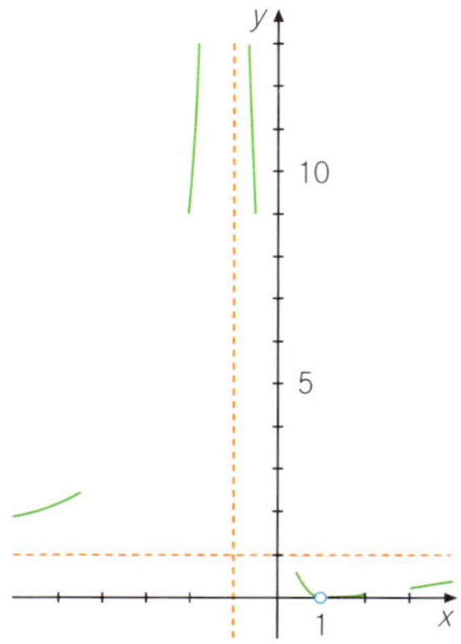

Nicht definierte Stelle, Nullstelle, asymptotisches Verhalten, Extrema, Wendepunkt

5. Extrema

Für die Ableitungen: Quotientenregel

$f'(x) = \dfrac{4(x-1)}{(x+1)^3}$; $f''(x) = \dfrac{8(2-x)}{(x+1)^4}$; $f'''(x) = \dfrac{24(x-3)}{(x+1)^5}$

$f'(x) = 0 \Rightarrow \dfrac{4(x-1)}{(x+1)^3} = 0 \Rightarrow x = 1$

$f''(1) = \dfrac{8(2-1)}{(1+1)^4} = \dfrac{1}{2} > 0 \Rightarrow$ Minimum

$(1 \mid f(1))$ Minimum

6. Wendepunkte

$f''(x) = 0 \Rightarrow \dfrac{8(2-x)}{(x+1)^4} = 0 \Rightarrow x = 2$

$f'''(2) = \dfrac{24(2-3)}{(2+1)^5} \neq 0 \Rightarrow$ Wendestelle

$(2 \mid f(2))$ Wendepunkt

7. Kurze Wertetafel

x	-10	-2	-1	0	1	2	10
y	$\frac{121}{81}$	9	–	1	0	$\frac{1}{9}$	$\frac{81}{121}$
			nicht definiert		MIN	WP	

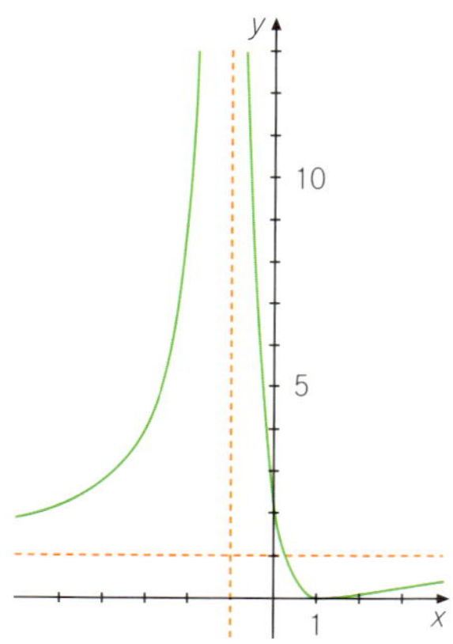

Der Graph

1 **Diskutieren Sie die folgenden Funktionen und zeichnen Sie ihre Graphen.**

a) $c(x) = \frac{2x^2 - 16}{x^2 - 4}$ b) $d(x) = \frac{2x^2 - 16}{x^2 + 4}$

9.4 Diskussion von Wurzelfunktionen

Beispiel 1

Gegeben sei: $f: x \to f(x) = (x - 5) \cdot \sqrt{x}$.

1. Maximaler Definitionsbereich

$\sqrt{x}$ lässt sich nur für nicht negative x berechnen; f ist deshalb für negative x **nicht** definiert.

$D_f = [0; \infty[$

2. Nullstellen

$f(x) = 0 \Rightarrow (x - 5)\sqrt{x} = 0 \Rightarrow x = 5 \vee x = 0$

$x = 5, x = 0$ Nullstellen

3. Symmetrie

Die Nullstellen, der Definitionsbereich – sie liegen nicht symmetrisch.

Weder achsensymmetrisch zur y-Achse noch punktsymmetrisch zu $(0 \mid 0)$.

4. Asymptotisches Verhalten

Hier ist nur $f(x)$ zu untersuchen für $x \to \infty$ und $x \to 0$.

$\lim\limits_{x \to \infty} f(x) = \lim\limits_{x \to \infty} (x - 5)\sqrt{x} = \infty$

$\lim\limits_{x \to 0} f(x) = \lim\limits_{x \to 0} (x - 5)\sqrt{x} = 0$

$f(x) \to \infty$ für $x \to \infty$

$f(x) \to 0$ für $x \to 0$

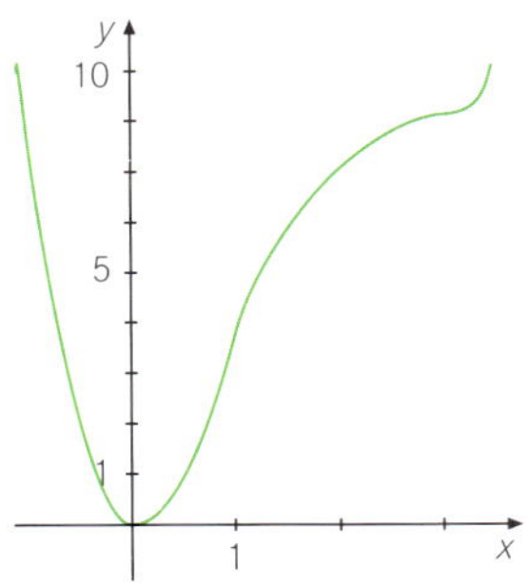

Definitionsbereich, Nullstellen, Extremum, asymptotisches Verhalten

5. Extrema

Für die Ableitungen: Produkt- und Quotientenregel!

$f'(x) = (x - 5)\frac{1}{2\sqrt{x}} + \sqrt{x} = \frac{3x - 5}{2\sqrt{x}}$;

$f''(x) = \frac{3x + 5}{4x\sqrt{x}}$; $f'''(x) = -\frac{3(x + 5)}{8x^2\sqrt{x}}$

$f'(x) = 0 \Rightarrow \frac{3x - 5}{2\sqrt{x}} = 0 \Rightarrow x = \frac{5}{3}$

$f''\left(\frac{5}{3}\right) = \frac{3}{2}\sqrt{\frac{3}{5}} > 0 \Rightarrow$ Minimum

$\left(\frac{5}{3} \mid f\left(\frac{5}{3}\right)\right)$ Minimum

6. Wendepunkte

$f''(x) = 0 \Rightarrow \frac{3x + 5}{4x\sqrt{x}} = 0$

$\Rightarrow x = -\frac{5}{3}$

Diese Lösung gehört nicht zu D_f.

Keine WP.

7. Kurze Wertetabelle

x	0	$\frac{5}{3}$	5	10
y	0	$-\frac{10}{3}\sqrt{\frac{5}{3}}$	0	$5\sqrt{10}$
	NS Rand	MIN	NS	

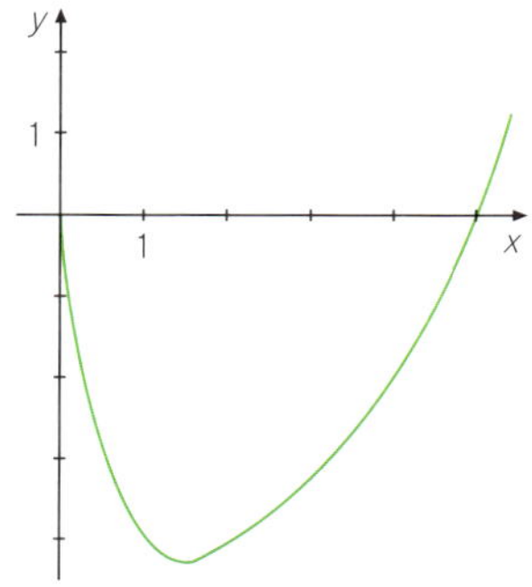

Der Graph

Beispiel 2

Gegeben sei: $f: x \to f(x) = x \cdot \sqrt{9 - x^2}$.

1. Maximaler Definitionsbereich

$f(x)$ lässt sich nur berechnen, wenn für den Radikanten gilt: $(9 - x^2) \geq 0$.

$D_f = [-3; 3]$

2. Nullstellen

$f(x) = 0 \Rightarrow x\sqrt{9 - x^2} = 0 \Rightarrow x = 0 \vee 9 - x^2 = 0$

$x = -3, x = 0, x = 3$ Nullstellen

3. Symmetrie

$f(-x) = -x\sqrt{9 - (-x)^2} = -f(x)$

punktsymmetrisch zu [0 | 0]

4. Asymptotisches Verhalten

Es ist $f(x)$ für $x \to 3$ und für $x \to -3$ zu untersuchen:

$\lim\limits_{x \to 3} x\sqrt{9 - x^2} = 0$

$\lim\limits_{x \to -3} x\sqrt{9 - x^2} = 0$

$f(x) \to 0$ für $x \to 3^-$

$f(x) \to 0$ für $x \to -3^+$

5. Extrema

Für die Ableitungen: Produkt- und Kettenregel!

$f'(x) = \frac{9 - 2x^2}{\sqrt{9-x^2}}$

$f''(x) = \frac{2x^3 - 27x}{(9-x^2)\sqrt{9-x^2}}$; $f'''(x) = \frac{-243}{(9-x^2)^2\sqrt{9-x^2}}$

$f'(x) = 0 \Rightarrow 9 - 2x^2 = 0 \Rightarrow x = \frac{3}{2}\sqrt{2} \vee x = -\frac{3}{2}\sqrt{2}$

$f''\left(\frac{3}{2}\sqrt{2}\right) = -4 < 0 \Rightarrow$ Maximum

$f''\left(-\frac{3}{2}\sqrt{2}\right) = 4 > 0 \Rightarrow$ Minimum

$\left(\frac{3}{2}\sqrt{2} \mid f\left(\frac{3}{2}\sqrt{2}\right)\right)$ Maximum

$\left(-\frac{3}{2}\sqrt{2} \mid f\left(-\frac{3}{2}\sqrt{2}\right)\right)$ Minimum

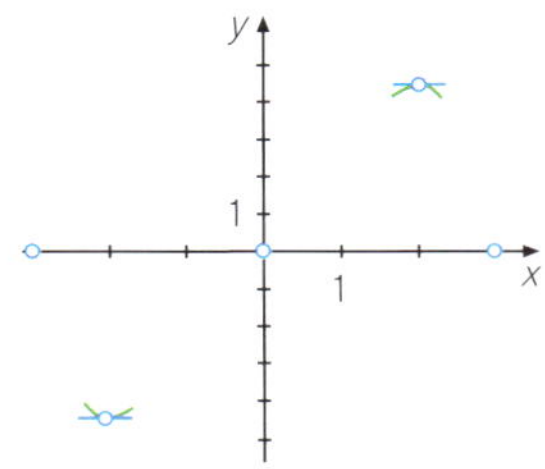

Definitionsbereich, Nullstellen, Extrema, Wendepunkt

6. Wendepunkte

$f''(x) = 0 \Rightarrow \frac{2x^3 - 27x}{(9-x^2)\sqrt{9-x^2}} = 0$

$\Rightarrow x = 0 \left(x = \pm\sqrt{\frac{27}{2}} \notin D_f\right)$

$f'''(0) \neq 0 \Rightarrow$ Wendepunkt

$((0) \mid f(0))$ Wendepunkt

7. Kurze Wertetabelle

x	-3	$-\frac{3}{2}\sqrt{2}$	0	$\frac{3}{2}\sqrt{2}$	3
y	0	$-\frac{9}{2}$	0	$\frac{9}{2}$	0
	NS Rand	MIN	WP NS	MAX	NS Rand

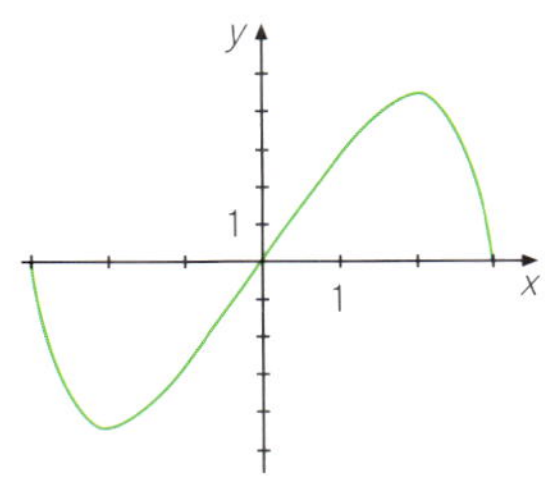

Der Graph

1 **Diskutieren Sie die folgenden Funktionen und zeichnen Sie ihre Graphen.**

a) $e(x) = x - \sqrt{2x}$

b) $f(x) = \frac{3x}{\sqrt{36 - x^2}}$

9.5 Diskussion von trigonometrischen Funktionen

Beispiel 1

Gegeben sei: $f: x \to f(x) = 3 \sin x + 4 \cos x$.

1. Maximaler Definitionsbereich

Sowohl die Sinus- als auch die Kosinusfunktion ist überall definiert, also auch f!

$D_f = \mathbb{R}$

2. Nullstellen

$f(x)\ 0 \Rightarrow\ 3 \sin x + 4 \cos x = 0$

$\Rightarrow\ \tan x = -\frac{4}{3} \Rightarrow\ x \approx -0{,}93 + n\pi,\ n \in \mathbb{Z}$

(Die Nullstellen wiederholen sich nach π, weil der Tangens diese Periodenlänge hat.)

$x \approx -0{,}93 + n\pi,\ n \in \mathbb{Z}$, Nullstellen

3. Periodizität

Die Nullstellen zeigen: Die Funktionswerte wiederholen sich nach π bzw. nach Vielfachen von π.
Es ist $f(x + \pi) = -f(x)$, also $f(x + \pi) \neq f(x)$; dagegen ist $f(x + 2\pi) = f(x)$!

periodisch, Periodenlänge 2π

4. Asymptotisches Verhalten

Eine eigene Untersuchung ist unnötig, denn kennt man f in einem Intervall der Länge 2π, dann kennt man ganz f!

5. Extrema

Die Ableitungen:

$f'(x) = 3 \cos x - 4 \sin x$; $f''(x) = -3 \sin x - 4 \cos x$

$f'''(x) = -3 \cos x + 4 \sin x$

$f'(x) = 0 \Rightarrow\ 3 \cos x - 4 \sin x = 0 \Rightarrow\ \tan x = \frac{3}{4}$

$\Rightarrow\ x \approx -0{,}64 + n\pi,\ n \in \mathbb{Z}$

$f''(0{,}64) \approx -5 < 0 \Rightarrow$ Maximum

$f''(0{,}64 + \pi) \approx 5 > 0 \Rightarrow$ Minimum

$0{,}64 + 2n\pi$ Maxima; $3{,}78 + 2n\pi$ Minima

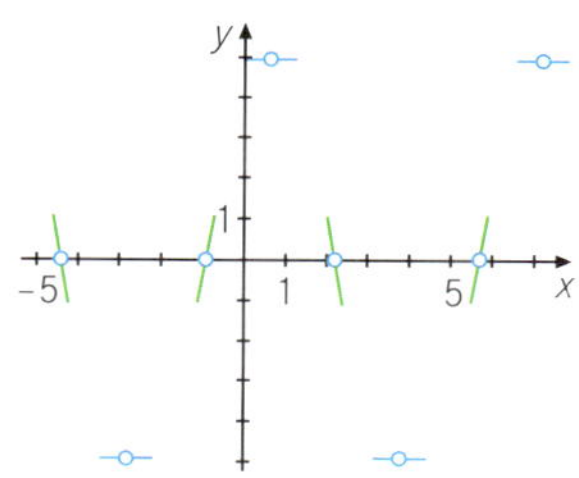

Nullstellen, Extrema, Wendepunkte mit Steigung

6. Wendepunkte

$f''(x) = 0 \Rightarrow\ -3 \sin x - 4 \cos x = 0 \Rightarrow \tan x = -\frac{4}{3} \Rightarrow\ x \approx -0{,}93 + n\pi,\ n \in \mathbb{Z}$

$f'''(-0{,}93) \neq 0 \Rightarrow$ Wendepunkt

$f'''(-0{,}93 + \pi) \neq 0 \Rightarrow$ Wendepunkt

$(-0{,}93 + n\pi \,|\, f(-0{,}93 + n\pi))$ Wendepunkt

7. Kurze Wertetabelle

x	$-0{,}93$	$0{,}64$	$2{,}23$	$3{,}78$	$-0{,}93 + 2\pi$
y	0	5	0	−5	0
	NS/WP	MAX	NS/WP	MIN	NS/WP

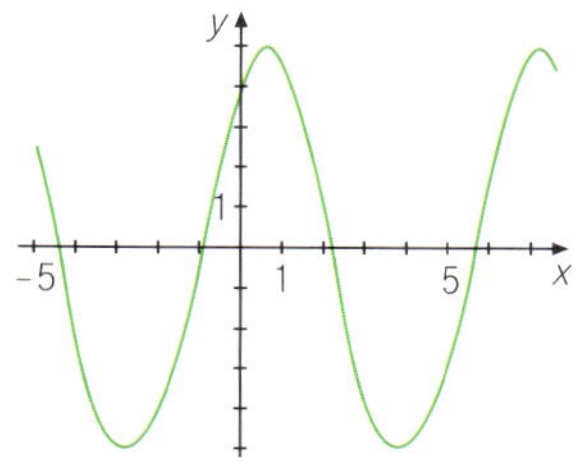

Der Graph

Beispiel 2

Gegeben sei: $f: x \to f(x) = \sin^2 + \frac{1}{2}\cos x$.

1. Maximaler Definitionsbereich

Sowohl die Sinus- als auch die Kosinusfunktion ist überall definiert, also auch f!

$D_f = \mathbb{R}$

2. Nullstellen

$f(x) = 0 \Rightarrow \sin^2 x + \frac{1}{2}\cos x = 0$; wegen $\sin^2 x + \cos^2 x = 1$:

$\Rightarrow \cos^2 x - \frac{1}{2}\cos x - 1 = 0 \Rightarrow \cos x = \frac{1-\sqrt{17}}{4}$

$\left(\cos x = \frac{1+\sqrt{17}}{4} > 1\right.$ und deshalb nicht möglich$\left.\right)$

$\Rightarrow x \approx 2{,}47 + 2n\pi \vee x \approx 3{,}82 + 2n\pi,\ n \in \mathbb{Z}$

$x \approx 2{,}47 + 2n\pi,\ n \in \mathbb{Z}$, Nullstellen

$x \approx 3{,}82 + 2n\pi,\ n \in \mathbb{Z}$, Nullstellen

3. Periodizität

Sie ist an den Nullstellen erkennbar; und es ist tatsächlich $f(x + 2\pi) = f(x)$ für alle x; d. h. periodisch, Periodenlänge 2π.

4. Asymptotisches Verhalten

Diese Untersuchung erübrigt sich wegen der Periodizität. Wer f in einem 2π-Intervall kennt, kennt ganz f!

5. Extrema

Die Ableitungen – Produkt- oder Kettenregel!

$f'(x) = 2\sin x\cos x - \frac{1}{2}\sin x$

$f''(x) = 2(-\sin^2 x + \cos^2 x) - \frac{1}{2}\cos x$

$f'''(x) = -8\sin x\cos x + \frac{1}{2}\sin x$

$f'(x) = 0 \Rightarrow \sin x\left(2\cos x - \frac{1}{2}\right) = 0$

$\Rightarrow \sin x = 0 \vee \cos x = \frac{1}{4}$

$\Rightarrow x = n\pi \vee x \approx 1{,}37 + 2n\pi \vee x \approx 4{,}97 + 2n\pi$

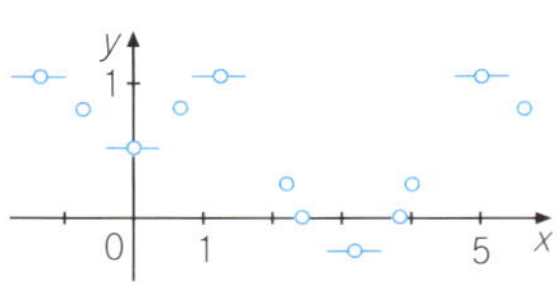

Nullstellen, Extrema, Wendepunkte mit Steigung

$f''(n\pi) = 2 - \frac{1}{2}\cos n\pi > 0 \Rightarrow$ Minima
$f''(1{,}37) \approx -2{,}30 < 0 \Rightarrow$ Maximum
$f''(4{,}97) \approx -0{,}60 \Rightarrow$ Maximum
$n\pi$ Minima
$1{,}37 + 2n\pi$ Maxima
$4{,}97 + 2n\pi$ Maxima

6. Wendepunkte

$f''(x) = 0 \Rightarrow 2(-2\sin^2 x + \cos^2 x) - \frac{1}{2}\cos x = 0$

wegen $\sin^2 x + \cos^2 x = 1$: $\Rightarrow \cos x = \frac{1 + \sqrt{129}}{16}$

$\vee \cos x = \frac{1 - \sqrt{129}}{16}$

$\Rightarrow x \approx 0{,}69 \vee x \approx 5{,}60$

$\vee x \approx 2{,}28 \vee x \approx 4{,}01$

Wer ganz sicher sein will, überprüft, ob $f'''(x) \neq 0$.

$x \approx 0{,}69 + 2n\pi$ Wendestelle
$x \approx 2{,}28 + 2n\pi$ Wendestelle
$x \approx 4{,}01 + 2n\pi$ Wendestelle
$x \approx 5{,}60 + 2n\pi$ Wendestelle

7. Kurze Wertetabelle

x	0	0,69	1,32	2,28	2,47
y	0,5	0,79	1,06	0,25	0
	MIN	WP	MAX	WP	NS

x	3,14	3,82	4,01	4,97	5,60
y	−0,5	0	0,25	1,06	0,79
	MIN	NS	WP	MAX	WP

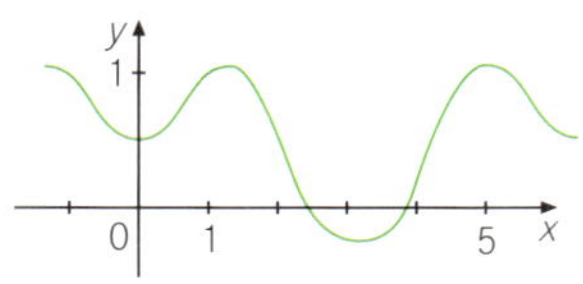

Der Graph

1 Diskutieren Sie die folgenden Funktionen und zeichnen Sie ihre Graphen.

a) $g(x) = \sin^2 x$

b) $h(x) = \sin 2x + 2\cos x$

9.6 Diskussion von Exponentialfunktionen

Beispiel 1

Gegeben sei: $f: x \to f(x) = x^2 \cdot e^{-x}$.

1. Maximaler Definitionsbereich

Sowohl x^2 als auch e^{-x} sind für alle x definiert, also auch f!

$D_f = \mathbb{R}$

2. Nullstellen

$f(x) = 0 \Rightarrow x^2 e^{-x} = 0 \Rightarrow x = 0$

$x = 0$ Nullstelle

3. Symmetrie

Ein Beispiel zeigt es: $f(1) = e$; $f(-1) = \frac{1}{e}$, d. h.: Weder $f(1) = f(-1)$ noch $f(1) = -f(-1)$.

Weder achsensymmetrisch zur y-Achse noch punktsymmetrisch zu $(0|0)$.

4. Asymptotisches Verhalten

Es ist $f(x)$ für $x \to \pm\infty$ zu untersuchen.

$\lim\limits_{x \to \infty} f(x) = \lim\limits_{x \to \infty} (x^2 e^{-x}) = \lim\limits_{x \to \infty} \frac{x^2}{e^x} = 0$

$\lim\limits_{x \to -\infty} f(x) = \lim\limits_{x \to -\infty} (x^2 e^{-x}) = \infty$

$f(x) \to 0$ für $x \to \infty$

$f(x) \to \infty$ für $x \to -\infty$

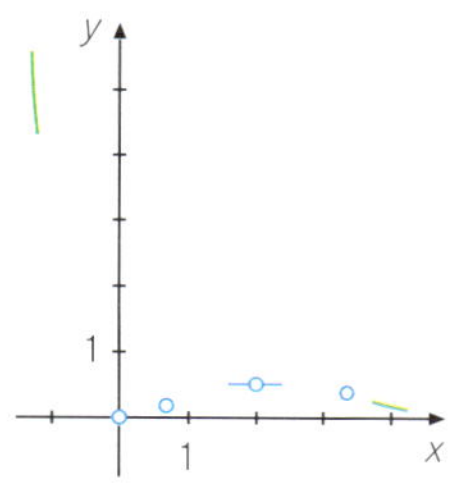

Nullstelle, asymptotisches Verhalten, Extrema, Wendepunkte

5. Extrema

Ableitungen: mit der Produktregel!

$f'(x) = -x^2 e^{-x} + 2x e^{-x} = (2x - x^2)\, e^{-x}$

$f''(x) = (2 - 4x + x^2)\, e^{-x}$; $f'''(x) = (-6 + 6x - x^2)\, e^{-x}$

$f'(x) = 0 \Rightarrow (2x - x^2) e^{-x} = 0 \Rightarrow x = 0 \vee x = 2$

$f''(0) = (2 - 4 \cdot 0 + 0^2) e^{-0} = 2 > 0 \Rightarrow$ Minimum

$f''(2) = -2e^{-2} < 0 \Rightarrow$ Maximum

$(0 \,|\, f(0))$ Minimum

$(2 \,|\, f(2))$ Maximum

6. Wendepunkte

$f''(x) = 0 \Rightarrow (2 - 4x + x^2) e^{-x} \Rightarrow 2 - 4x + x^2 = 0 \Rightarrow x = 2 + \sqrt{2} \vee x = 2 - \sqrt{2}$

$f'''(2 + \sqrt{2}) \neq 0$

$f'''(2 - \sqrt{2}) \neq 0$

$(2 + \sqrt{2} \,|\, f(2 + \sqrt{2}))$ Wendepunkt

$(2 - \sqrt{2} \,|\, f(2 - \sqrt{2}))$ Wendepunkt

7. Kurze Wertetabelle

x	-1	0	$2-\sqrt{2}$	2	$2+\sqrt{2}$	10
y	e	0	$\frac{6-4\sqrt{2}}{e^{2-\sqrt{2}}}$	$\frac{4}{e^2}$	$\frac{6+4\sqrt{2}}{e^{2+\sqrt{2}}}$	$\frac{100}{e^{10}}$
		MIN, NS	WP	MAX	WP	

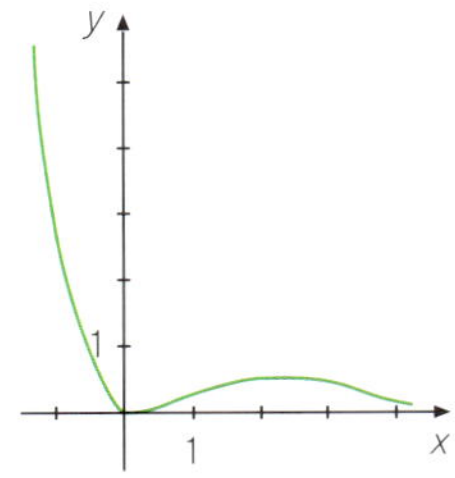

Der Graph

Beispiel 2

Gegeben sei: $f: x \to f(x) = e^{-x^2}$.

1. Maximaler Definitionsbereich

Die e-Funktion ist für alle reellen Zahlen definiert, also auch f!

$D_f = \mathbb{R}$

2. Nullstellen

$f(x) = 0 \;\Rightarrow\; e^{-x^2} = \frac{1}{e^{x^2}} = 0$; keine Lösungen

3. Symmetrie

$f(-x) = e^{-(-x)^2} = e^{-x^2} = f(x)$

achsensymmetrisch zur y-Achse

4. Asymptotisches Verhalten

Es ist $f(x)$ für $x \to \pm\infty$ zu untersuchen.

$\lim\limits_{x\to\infty} f(x) = \lim\limits_{x\to\infty} e^{-x^2} = \lim\limits_{x\to\infty} \frac{1}{e^{x^2}} = 0$

Die Achsensymmetrie verrät, dass $\lim\limits_{x\to-\infty} f(x)$ auch null ergeben muss.

$f(x) \to 0$ für $x \to \infty$

$f(x) \to 0$ für $x \to -\infty$

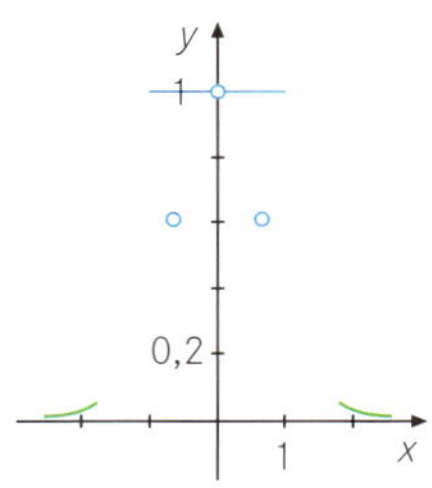

Extremum, Wendepunkte, asymptotisches Verhalten

5. Extrema

Für die Ableitungen: Kettenregel!

$f'(x) = \left(e^{-x^2}\right)' = -2xe^{-x^2}$; $f''(x) = (4x^2-2)\,e^{-x^2}$; $f'''(x) = (-8x^3+12x)\,e^{-x^2}$

$f'(x) = -2xe^{-x^2} = 0 \;\Rightarrow\; x = 0$

$f''(0) = -2 \;\Rightarrow$ Maximum

$(0\,|\,f(0))$ Maximum

6. Wendepunkte

$f''(x) = 0 \;\Rightarrow\; (4x^2-2)\,e^{-x^2} = 0 \Rightarrow x = \frac{\sqrt{2}}{2} \lor x = -\frac{\sqrt{2}}{2}$

$\left(\frac{\sqrt{2}}{2}\,\middle|\,f\left(\frac{\sqrt{2}}{2}\right)\right)$ Wendepunkt

$\left(-\frac{\sqrt{2}}{2}\,\middle|\,f\left(-\frac{\sqrt{2}}{2}\right)\right)$ Wendepunkt

7. Kurze Wertetabelle

x	-10	$-\frac{\sqrt{2}}{2}$	0	$\frac{\sqrt{2}}{2}$	10
y	e^{-100}	$\frac{1}{\sqrt{e}}$	1	$\frac{1}{\sqrt{e}}$	e^{-100}
		WP	MAX	WP	

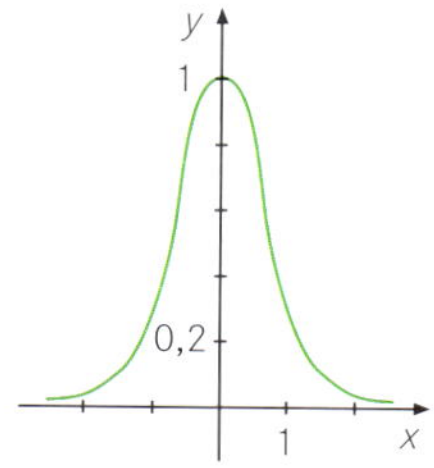

Der Graph

1 **Diskutieren Sie die folgenden Funktionen und zeichnen Sie ihre Graphen.**

a) $i(x) = xe^{-0{,}2x}$ b) $j(x) = (2x - x^2)\,e^x$

9.7 Diskussion von Logarithmusfunktionen

Beispiel 1

Gegeben sei: $f : x \to f(x) = x^2 \cdot \ln x$.

1. Maximaler Definitionsbereich

Logarithmen sind nur für positive Argumente definiert.

$D_f =]0; \infty[$

2. Nullstellen

$f(x) = 0 \;\Rightarrow\; x^2 \ln x = 0 \Rightarrow x^2 = 0 \vee \ln x = 0 \;\Rightarrow\; x = 1$ (denn $x = 0 \notin D_f$)

$x = 1$ Nullstelle

3. Symmetrie

Die Nullstelle, der Definitionsbereich – sie liegen nicht symmetrisch.

Weder achsensymmetrisch zur y-Achse noch punktsymmetrisch zu $(0\,|\,0)$.

4. Asymptotisches Verhalten

Zu untersuchen ist $f(x)$ für $x \to 0$ und $x \to \infty$.

$\lim\limits_{x \to \infty} f(x) = \lim\limits_{x \to \infty} x^2 \ln x = \infty$

$\lim\limits_{x \to 0} f(x) = \lim\limits_{x \to 0} x^2 \ln x = 0$

$f(x) \to \infty$ für $x \to \infty$

$f(x) \to 0$ für $x \to 0^+$

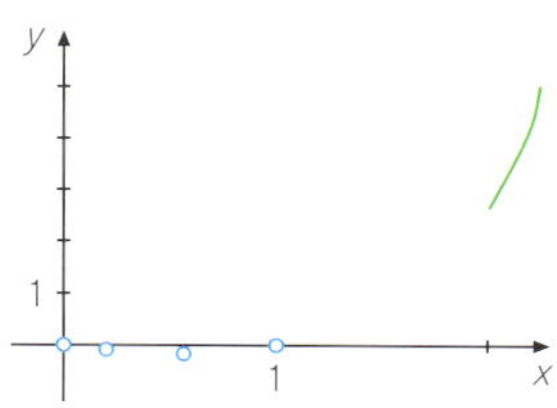

nicht definierte Stelle, Nullstelle, Extremum, Wendepunkt, asymptotisches Verhalten

5. Extrema

Für die Ableitungen: Produktregel!

$f'(x) = (x^2 \ln x)' = x + 2x \ln x$

$f''(x) = 3 + 2 \ln x$

$f'''(x) = \frac{2}{x}$

$f'(x) = 0 \Rightarrow x(1 + 2 \ln x) = 0 \Rightarrow \ln x = -\frac{1}{2} \Rightarrow x = \frac{1}{\sqrt{e}}$

$f''\left(\frac{1}{\sqrt{e}}\right) = 2 \Rightarrow$ Minimum

$\left(\frac{1}{\sqrt{e}} \mid f\left(\frac{1}{\sqrt{e}}\right)\right)$ Minimum

6. Wendepunkt

$f''(x) = 0 \Rightarrow 3 + 2 \ln x = 0 \Rightarrow \ln x = -\frac{3}{2} \Rightarrow x = \frac{1}{\sqrt{e^3}}$; $f'''\left(\frac{1}{\sqrt{e^3}}\right) \neq 0 \Rightarrow$ Wendepunkt

$\left(\frac{1}{\sqrt{e^3}} \mid f\left(\frac{1}{\sqrt{e^3}}\right)\right)$ Wendepunkt

7. Kurze Wertetabelle

x	0	$\frac{1}{\sqrt{e^3}}$	$\frac{1}{\sqrt{e}}$	1	e
y	–	$-\frac{3}{2e^3}$	$-\frac{1}{2e}$	0	e^2
	Rand	WP	MIN	NS	

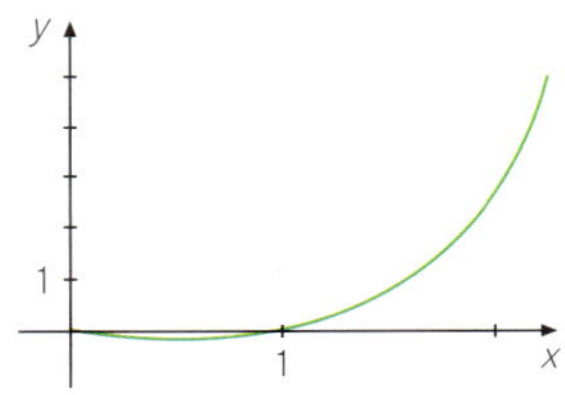

Der Graph

Beispiel 2

Gegeben sei: $f: x \to f(x) = \frac{\ln^2 x}{x}$.

1. Maximaler Definitionsbereich

Logarithmen sind nur für positive Zahlen definiert.

$D_f =]0; \infty[$

2. Nullstellen

$f(x) = 0 \Rightarrow \frac{\ln^2 x}{x} = 0 \Rightarrow \ln x = 0 \Rightarrow x = 1$

$x = 1$ Nullstelle

3. Symmetrie

Die Nullstellen, der Definitionsbereich – sie liegen nicht symmetrisch.
Weder achsensymmetrisch zur y-Achse noch punktsymmetrisch zu $(0 \mid 0)$.

4. Asymptotisches Verhalten

Zu untersuchen ist $f(x)$ für $x \to 0$ und $x \to \infty$.

$$\lim_{x \to 0} f(x) = \lim_{x \to 0} \frac{\ln^2 x}{x} = \infty$$

$$\lim_{x \to \infty} f(x) = \lim_{x \to \infty} \frac{\ln^2 x}{x} = 0$$

$f(x) \to \infty$ für $x \to 0^+$

$f(x) \to 0$ für $x \to \infty$

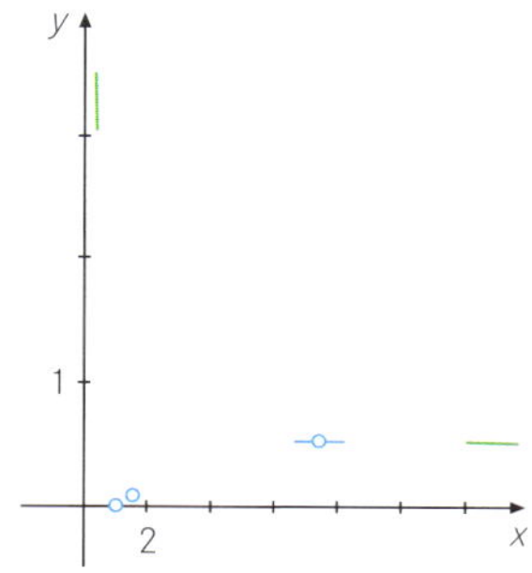

Nullstelle, Extrema, Wendestellen, asymptotisches Verhalten

5. Extrema

Die Ableitungen: Quotientenregel!

$$f'(x) = \left(\frac{\ln^2 x}{x}\right)' = \frac{2\ln x - \ln^2 x}{x^2}; \; f''(x) = \frac{2 - 6\ln x + 2\ln^2 x}{x^3}$$

$$f'''(x) = \frac{-12 + 22\ln x - 6\ln^2 x}{x^4}$$

$$f'(x) = 0 \Rightarrow \frac{2\ln x - \ln^2 x}{x^2} = 0 \Rightarrow \ln x = 0 \vee \ln x = 2 \Rightarrow x = 1 \vee x = e^2$$

$f''(1) = 2 > 0 \;\Rightarrow\;$ Minimum

$f''(e^2) = \frac{-2}{e^6} < 0 \;\Rightarrow\;$ Maximum

$(1 \mid f(1))$ Minimum

$(e^2 \mid f(e^2))$ Maximum

6. Wendepunkte

$$f''(x) = 0 \;\Rightarrow\; \frac{2 - 6\ln x + 2\ln^2 x}{x^3} = 0 \Rightarrow \ln^2 x - 3\ln x + 1 = 0$$

Mit $\ln x = z$:

$$\Rightarrow\; z^2 - 3z + 1 = 0 \;\Rightarrow\; \ln x = \tfrac{1}{2}(3 + \sqrt{5}) \vee \ln x = \tfrac{1}{2}(3 - \sqrt{5})$$

$$\Rightarrow\; x = \sqrt{e^{3+\sqrt{5}}} \vee x = \sqrt{e^{3-\sqrt{5}}}$$

$\left(\sqrt{e^{3+\sqrt{5}}} \mid f\left(\sqrt{e^{3+\sqrt{5}}}\right)\right)$ Wendepunkt

$\left(\sqrt{e^{3-\sqrt{5}}} \mid f\left(\sqrt{e^{3-\sqrt{5}}}\right)\right)$ Wendepunkt

7. Kurze Wertetabelle

x	0	1	$\sqrt{e^{3-\sqrt{5}}}$	e^2	$\sqrt{e^{3+\sqrt{5}}}$
y	–	0	$\frac{(3-\sqrt{5})^2}{4\sqrt{e^{3-\sqrt{5}}}}$	$\frac{4}{e^2}$	$\frac{(3+\sqrt{5})^2}{4\sqrt{e^{3+\sqrt{5}}}}$
		MIN, NS	WP	MAX	WP

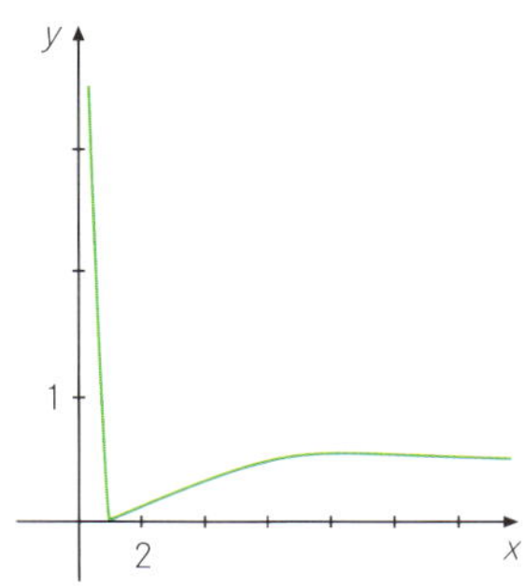

Der Graph

1 **Diskutieren Sie die folgenden Funktionen und zeichnen Sie ihre Graphen.**

a) $k(x) = x \lg x$

b) $l(x) = (\ln x)^2 - \ln(x^2)$

Test Kapitel 9

1 **Listen Sie wesentliche Eigenschaften von Graphen auf.** |9|
Erläutern Sie kurz, was sie bedeuten und wie man sie untersucht.

2 **Der Graph zeigt die Ableitung f' einer Funktion f.** |9|
Was lässt sich aus diesem Graphen im Rahmen der Zeichengenauigkeit mit Sicherheit über f ablesen?

- $f(-3) = 0$. ☐
- f hat drei Nullstellen. ☐
- f hat ein Maximum. ☐
- f hat zwei Maxima ☐
- f hat einen Wendepunkt bei $x \approx -2{,}1$. ☐
- f hat 3 Wendepunkte bei $x \approx -2{,}1$; $x \approx 0$; $x \approx 2{,}1$. ☐
- f ist monoton fallend in $[-2{,}1; 0]$. ☐
- f ist monoton steigend in $[-3; 0]$. ☐
- f ist links gekrümmt in $[-1{,}1; 2{,}1]$. ☐
- f ist rechts gekrümmt in $[3{,}5; \infty]$. ☐

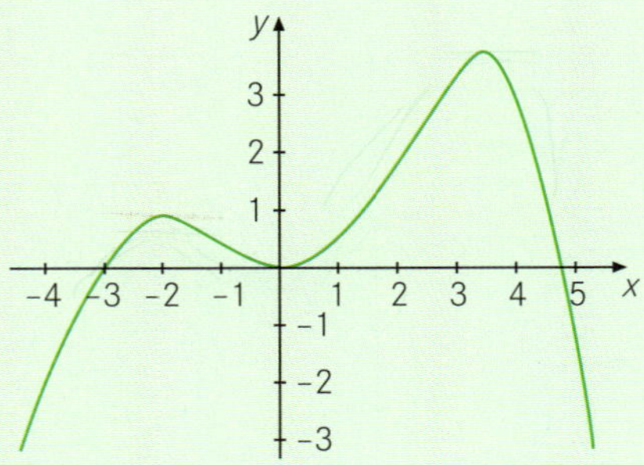

3 **Welche Aussagen über den Graphen von $f(x) = xe^{-\frac{x^2}{50}}$ sind richtig?** |9|

Maximaler Definitionsbereich	Anzahl der Nullstellen	$f'(0) =$	Anzahl der Extrema	Anzahl der Wendepunkte
$\mathbb{R}$ ☐	0 ☐	nicht definiert ☐	0 ☐	0 ☐
$\mathbb{R}/\{0\}$ ☐	1 ☐	0 ☐	1 ☐	1 ☐
$\mathbb{R}/\{-1; 0; +1\}$ ☐	2 ☐	+1 ☐	2 ☐	2 ☐
$\mathbb{R}^+ = (0; \infty)$ ☐	3 ☐	−1 ☐	3 ☐	3 ☐
$\mathbb{R}^- = (-\infty; 0)$ ☐	5 ☐	e ☐	5 ☐	5 ☐

4 **Untersuchen Sie $f(x) = \frac{x^{2-4}}{9 - x^2}$.** |9|

Führen Sie eine ausführliche Kurvendiskussion durch und zeichnen Sie aufgrund dieser Diskussion den Graphen von f.

||36||

Wie viele Punkte haben Sie? Erreichen Sie mehr als 29 Punkte, beherrschen Sie den Inhalt des Kapitels wirklich gut. Erreichen Sie weniger als 14 Punkte, dann sollten Sie dieses Kapitel wiederholen.

10 GESUCHT WIRD …

Was Sie schon können müssen:

- ▷ Funktionstypen kennen, unterscheiden und formelmäßig in Ansatz bringen
- ▷ Zusammenhänge zwischen Graphen und Funktionsterm und seinen Ableitungen kennen und handhaben
- ▷ in Worte gefasste Sachverhalte in die mathematische Formelsprache übersetzen
- ▷ Lösungen von Gleichungen und Gleichungssystemen auffinden

Darum geht es

Funktionen mit bestimmten Eigenschaften bestimmen

10.1 Auf der Suche – grafisch

Darum geht es

Die Suche nach Funktionen mit bestimmten Eigenschaften gleicht der Suche nach unbekannten Tätern. Hier wie dort geht es darum, vorhandene Indizien ernsthaft zu prüfen, sie sorgsam aufzubereiten und sachgerecht fortzuentwickeln. Und hier wie dort wird man feststellen, dass sich der Fall nicht immer knacken lässt: mal sind die bekannten Tatsachen und Indizien zu dürftig, dann kommen viele als „Täter“ infrage; mal sind sie in sich unstimmig, dann kommt keiner als „Täter“ infrage.
Wie also sieht eine „Funktionenfahndung“ aus? Wir behandeln dazu ein konkretes Beispiel und gehen es zunächst rein rechnerisch an. Die dabei gewonnenen Erkenntnisse sollen rechnerische Verfahren in Gang setzen.

Beispiel

Von einer Funktion ist Folgendes bekannt:
Ihr Graph verläuft durch den Nullpunkt, in den Punkten $(2\,|\,4)$ und $(-2\,|\,-4)$ hat der Graph waagerechte Tangenten.
Gibt es überhaupt eine Funktion mit diesen Eigenschaften?
Gibt es gar mehrere Funktionen mit diesen Eigenschaften?

1. Zunächst werden die genannten Eigenschaften im Koordinatensystem festgehalten:

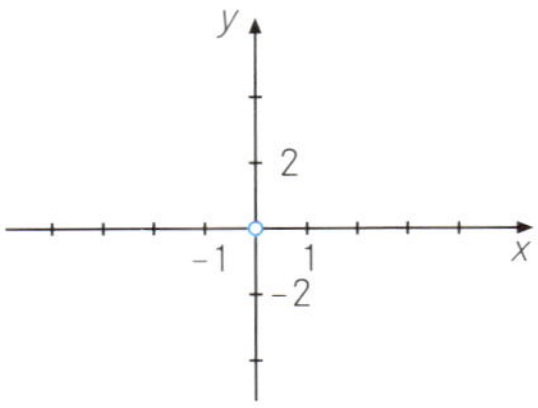

Der Graph verläuft durch (0 | 0).

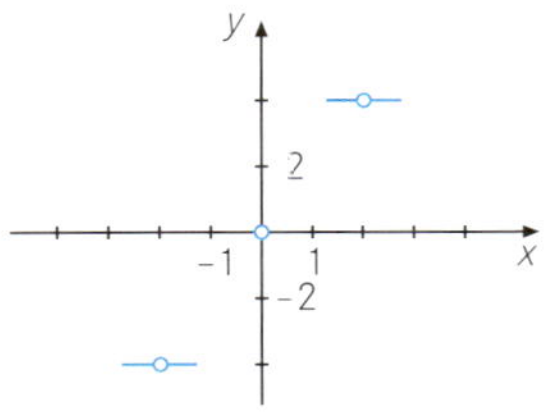

In (2 | 4) und (−2 | −4) gibt es waagerechte Tangenten.

2. Zeichnerisch geht es darum, diese Splitter geeignet zu ergänzen und zu einem Ganzen zu formen. Dies kann, wenn weitere Tatsachen nicht bekannt sind, auf unterschiedliche Weise geschehen:

Zum Beispiel so:

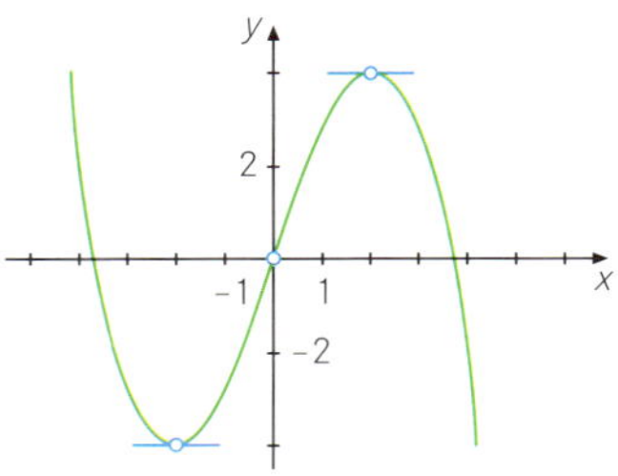

Oder so:

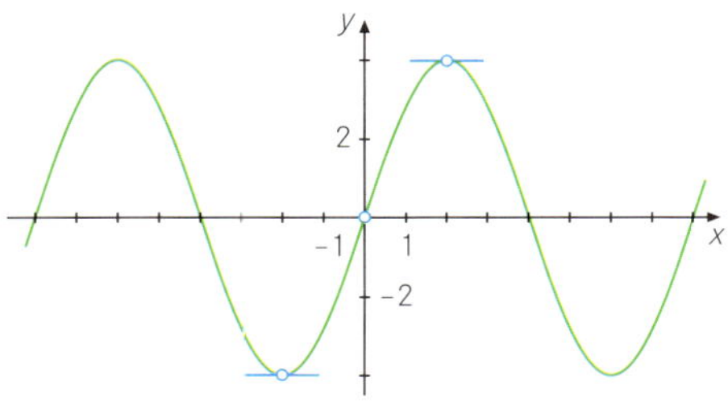

Oder so:

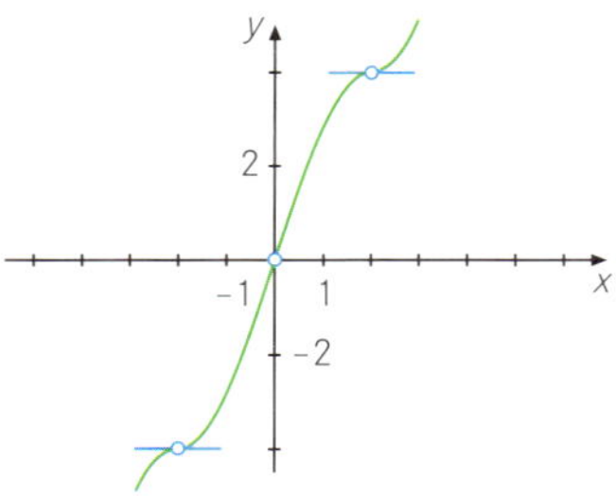

Oder auch so:

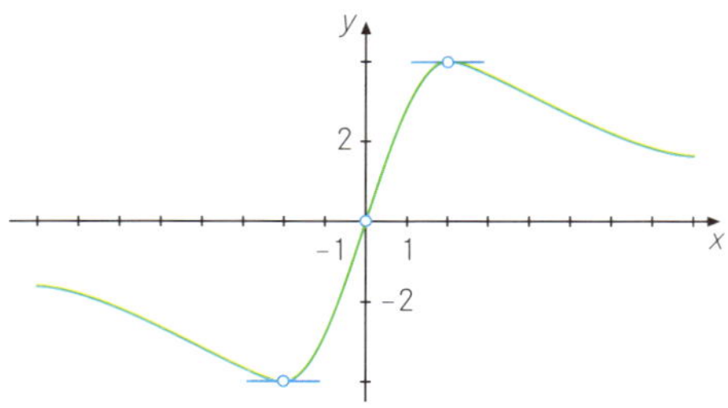

Alle diese Graphen haben die geforderten Eigenschaften; und es ist kein Problem, weitere Graphen mit eben diesen Eigenschaften zu zeichnen. Die obigen Eigenschaften sind offenbar sehr allgemein und unspezifisch. Sie kreisen den „Täter" nicht eng genug ein.

10.2 Auf der Suche – rechnerisch

Darum geht es

Die Graphen zeigten, dass die geforderten Eigenschaften nicht ausreichen, eine ganz bestimmte Funktion zu charakterisieren. Das ist keineswegs verwunderlich; denn vom Funktionstyp, dem wichtigsten Charakteristikum, ist bei der „Fahndung" überhaupt nicht die Rede gewesen.
Wir ergänzen daher unser Beispiel durch gewisse Annahmen über den Funktionstyp; dann erst wird ein rechnerischer Ansatz möglich. Daraus entwickeln wir zusammen mit den geforderten Eigenschaften ein Raster, in dem sich die gesuchte Funktion verfängt.

Gesucht – ein Polynom 3. Grades

Beispiel

Gesucht ist eine Funktion mit folgenden Eigenschaften:
Ihr Funktionsterm ist ein Polynom 3. Grades. Ihr Graph verläuft durch den Nullpunkt, in den Punkten $(2 \mid 4)$ und $(-2 \mid -4)$ hat er waagerechte Tangenten.
Der Lösungsweg lässt sich in folgende Schritte gliedern:

1. Der Ansatz

Eine Polynomfunktion 3. Grades ist von der Form: $p(x) = ax^3 + bx^2 + cx + d.$
Es geht darum, die Parameter a, b, c, d zu bestimmen. Wir notieren zugleich auch die Ableitung von p: $p'(x) = 3ax^2 + 2bx + c.$

2. Die Eigenschaften

Die im Aufgabentext versteckten Eigenschaften sind in die Formelsprache zu übersetzen.
Hier geht es um insgesamt 5 (!) Eigenschaften.

Der Graph verläuft durch den Nullpunkt; d. h.:	1. $p(0) = 0$
Der Graph verläuft durch $(2 \mid 4)$, d. h.:	2. $p(2) = 4$
Er hat dort eine waagerechte Tangente; d. h.:	3. $p'(2) = 0$
Entsprechendes gilt für $(-2 \mid -4)$:	4. $p(-2) = -4$
	5. $p'(-2) = 0$

3. Das Gleichungssystem

Die Auswertung wird fortgesetzt und das zugehörige Gleichungssystem aufgestellt:

1. $p(0) = 0$	bedeutet:	1. $a0^3 + b0^2 + c0 + d = 0$
2. $p(2) = 4$	bedeutet:	2. $a2^3 + b2^2 + c2 + d = 4$
3. $p'(2) = 0$	bedeutet:	3. $3a2^2 + 2b2 + c = 0$
4. $p(-2) = -4$	bedeutet:	4. $a(-2)^3 + b(-2)^2 + c(-2) + d = -4$
5. $p'(-2) = 0$	bedeutet:	5. $3a(-2)^2 + 2b(-2) + c = 0$

4. Das Lösen des Gleichungssystems

Dabei bewähren sich vor allem zwei Methoden:

1. Das Eliminationsverfahren: Eine Gleichung wird genutzt, um in den restlichen Gleichungen eine der Variablen zu ersetzen.
2. Das Additions- bzw. das Subtraktionsverfahren: Addition bzw. Subtraktion zweier Gleichungen führt gelegentlich auf einfachere Gleichungen – ein Vorteil für die weitere Rechnung!

Achtung Während der Rechenarbeit darf nichts verloren gehen! Wer beispielsweise mit einem System mit fünf Gleichungen startet, der sollte auch am „Ziel" mit fünf Gleichungen ankommen!
Tipp Profis vergleichen zuallererst die Anzahl der Gleichungen mit der Anzahl der Variablen. Dieses System besteht aus fünf Gleichungen, es enthält vier Variable – ob das gutgeht?

$$\begin{cases} 1.\ d = 0 \wedge \\ 2.\ 8a + 4b + 2c + d = 4 \wedge \\ 3.\ 12a + 4b + c = 0 \wedge \\ 4.\ -8a + 4b - 2c + d = -4 \wedge \\ 5.\ 12a - 4b + c = 0 \end{cases} \Leftrightarrow \begin{cases} 1.\ d = 0 \wedge & \\ 2.\ 8a + 4b + 2c = 4 \wedge & |1.;2. \\ 3.\ 12a + 4b + c = 0 \wedge & \\ 4.\ -8a + 4b - 2c = -4 \wedge & |1.;2. \\ 5.\ 12a - 4b + c = 0 & \end{cases} \Leftrightarrow \begin{cases} 1.\ d = 0 \wedge & \\ 2.\ 8a + 4b + 2c = 4 \wedge & \\ 3.\ 12a + 4b + c = 0 \wedge & \\ 4.\ 8b = 0 \wedge & |2.;4. \\ 5.\ 24a + 2c = 0 & |3.;5. \end{cases}$$

$$\Leftrightarrow \begin{cases} 1.\ d = 0 \wedge \\ 2.\ 4a + 2b + c = 2 \wedge \\ 3.\ 12a + 4b + c = 0 \wedge \\ 4.\ b = 0 \wedge \\ 5.\ 12a + c = 0 \end{cases} \Leftrightarrow \begin{cases} 1.\ d = 0 \wedge & \\ 2.\ 4a + c = 2 \wedge & |2.;4. \\ 3.\ 12a + c = 0 \wedge & |3.;4. \\ 4.\ b = 0 \wedge & \\ 5.\ c = -12a & \end{cases}$$

$$\Leftrightarrow \begin{cases} 1.\ d = 0 \wedge & \\ 2.\ 4a - 12a = 2 \wedge & |2.;5. \\ 3.\ 12a - 12a = 0 \wedge & |3.;5. \\ 4.\ b = 0 \wedge & \\ 5.\ c = -12a & \end{cases} \Leftrightarrow \begin{cases} 1.\ d = 0 \wedge & \\ 2.\ a = -\frac{1}{4} \wedge & \\ 3.\ 0 = 0 \wedge & |3.;5. \\ 4.\ b = 0 \wedge & \\ 5.\ c = 3 & |2.;5. \end{cases}$$

Die Rechnung führt auf das Polynom $p(x) = -\frac{1}{4}x^3 + 3x$.

5. Die Kontrolle

Es empfiehlt sich zu prüfen, ob das Rechnungsergebnis allen Anforderungen entspricht.
Wir stellen fest:
Die Funktion p mit $p(x) = -\frac{1}{4}x^3 + 3x$ ist eine Polynomfunktion 3. Grades.

Der Graph verläuft durch $(0 \mid 0)$, denn $p(0) = -\frac{1}{4}0^3 + 3 \cdot 0 = 0$.

Der Graph verläuft durch $(2 \mid 4)$, denn $p(2) = -\frac{1}{4}2^3 + 3 \cdot 2 = 4$.

Der Graph verläuft in $(2 \mid 4)$ waagerecht, denn $p'(2) = 3 \cdot \left(-\frac{1}{4}2^2\right) + 3 = 0$.

Der Graph verläuft durch $(-2 \mid -4)$, denn $p(-2) = -\frac{1}{4}(-2)^3 + 3 \cdot (-2) = -4$.

Der Graph verläuft in $(-2 \mid -4)$ waagerecht, denn $p'(-2) = 3 \cdot \left(-\frac{1}{4}(-2)^2\right) + 3 = 0$.

Die Polynomfunktion 3. Grades mit den genannten Eigenschaften lautet:

$p\colon p(x) = -\frac{1}{4}x^3 + 3x,\ D = \mathbb{R}$.

Tipp Wir empfehlen, diese Funktion zu diskutieren und ihren Graphen zu zeichnen. Er findet sich unter den auf Seite 96 gezeichneten Graphen.

Gesucht – ein Polynom 4. Grades

Beispiel:

Gesucht ist eine Funktion mit folgenden Eigenschaften:
Ihr Funktionsterm ist ein Polynom 4. Grades. Ihr Graph verläuft durch den Nullpunkt, in den Punkten (2 | 4) und (−2 | −4) hat er waagerechte Tangenten.
Das Problem gleicht in wesentlichen Teilen dem soeben behandelten. Wir erlauben uns deshalb, Lösungsweg und Kommentierung knapper zu halten.

1. Der Ansatz

$p(x) = ax^4 + bx^3 + cx^2 + dx + e$

$p'(x) = 4ax^3 + 3bx^2 + 2cx + d$

2. Die Eigenschaften und 3. Das Gleichungssystem

$$\left\{\begin{array}{ll} 1. & p(0) = 0 \\ 2. & p(2) = 4 \\ 3. & p'(2) = 0 \\ 4. & p(-2) = -4 \\ 5. & p'(-2) = 0 \end{array}\right. \Leftrightarrow \left\{\begin{array}{ll} 1. & e = 0 \\ 2. & 16a + 8b + 4c + 2d + e = 4 \\ 3. & 32a + 12b + 4c + d = 0 \\ 4. & 16a - 8b + 4c - 2d + e = -4 \\ 5. & -32a + 12b - 4c + d = 0 \end{array}\right.$$

4. Das Lösen des Gleichungssystems

Das Gleichungssystem aus 5 Gleichungen enthält 5 Variable – eine günstige Voraussetzung, eine eindeutige Lösung zu erhalten!

$$\left\{\begin{array}{lll} 1. & e = 0 \wedge & \\ 2. & 8a + 4b + 2c + d = 2 \wedge & |\, 2.;\ 1. \\ 3. & 32a + 12b + 4c + d = 0 \wedge & \\ 4. & 8a - 4b + 2c - d = -2 \wedge & |\, 4.;\ 1. \\ 5. & d = -12b & |\, 3.;\ 5. \end{array}\right. \Leftrightarrow \left\{\begin{array}{lll} 1. & d = 0 \wedge & \\ 2. & 8a + 4b + 2c + d = 2 \wedge & \\ 3. & 32a + 12b + 4c + d = 0 \wedge & \\ 4. & c = -4a \wedge & |\, 2.;\ 4. \\ 5. & d = -12b & \end{array}\right.$$

$$\left\{\begin{array}{lll} 1. & e = 0 \wedge & \\ 2. & b = -\frac{1}{4} \wedge & |\, 2.;\ 4.;\ 5. \\ 3. & a = 0 \wedge & |\, 3.;\ 4.;\ 5. \\ 4. & c = -4a \wedge & \\ 5. & d = -12b & \end{array}\right. \Leftrightarrow \left\{\begin{array}{lll} 1. & e = 0 \wedge & \\ 2. & b = -\frac{1}{4} \wedge & \\ 3. & a = 0 \wedge & \\ 4. & c = 0 \wedge & \\ 5. & d = 3 & |\, 5.;\ 2. \end{array}\right.$$

Die Rechnung erzwingt $a = 0$. Das bedeutet, dass es keine Polynomfunktion 4. Grades mit den genannten Eigenschaften gibt.

Hinweis Das Gleichungssystem hat sehr wohl eine eindeutige Lösung; allerdings führt sie auf die uns schon bekannte Polynomfunktion 3. Grades $p(x) = -\frac{1}{4}x^3 + 3x$.

Gesucht – eine Polynomfunktion 5. Grades

Beispiel:

Gesucht ist eine Funktion mit folgenden Eigenschaften:
Ihr Funktionsterm ist eine zum Nullpunkt symmetrische Polynomfunktion 5. Grades. Ihr Graph verläuft durch den Nullpunkt, in den Punkten $(2 \mid 4)$ und $(-2 \mid -4)$ hat er waagerechte Tangenten.

1. Der Ansatz

$p(x) = ax^5 + bx^4 + cx^3 + dx^2 + ex + f$

$p'(x) = 5ax^4 + 4bx^3 + 3cx^2 + 2dx + e$

2. Die Eigenschaften und 3. Das Gleichungssystem

2.a *Eigenschaft Symmetrie*

Symmetrien sind starke Bedingungen. Es lohnt sich, sie bereits im Ansatz zu nutzen, denn sie führen stets zu wesentlichen Vereinfachungen. Die Punktsymmetrie zum Nullpunkt bedeutet:

$-p(x) = p(-x)$ für alle x

$\Rightarrow -ax^5 - bx^4 - cx^3 - dx^2 - ex - f = -ax^5 + bx^4 - cx^3 + dx^2 - ex + f$

$\Rightarrow 2bx^4 + 2dx^2 + 2f = 0$ für alle x

Die letzte Gleichung gilt für alle x, also z. B. auch für $x = 0$, $x = 1$, $x = 2$; d. h.

3.a *Das Teilgleichungssystem und die Lösung*

$$\begin{cases} 1.\ 2b \cdot 0^4 + 2d \cdot 0^2 + 2f = 0 \wedge \\ 2.\ 2b \cdot 1^4 + 2d \cdot 1^2 + 2f = 0 \wedge \\ 3.\ 2b \cdot 2^4 + 2d \cdot 2^2 + 2f = 0 \end{cases} \Leftrightarrow \begin{cases} 1.\ f = 0 \wedge \\ 2.\ b + d = 0 \wedge \\ 3.\ 4b + d = 0 \end{cases}$$

$$\begin{cases} 1.\ f = 0 \wedge \\ 2.\ b + d = 0 \wedge \\ 3.\ 3b = 0 \quad \mid 3. - 1. \end{cases} \Leftrightarrow \begin{cases} 1.\ f = 0 \wedge \\ 2.\ d = 0 \wedge \\ 3.\ b = 0 \end{cases}$$

Das bedeutet, dass gerade Potenzen im Funktionsterm nicht auftreten. Der Lösungsansatz vereinfacht sich zu:

$p(x) = ax^5 + cx^3 + ex$

$p'(x) = 5ax^4 + 3cx^2 + e$

2.b *Die übrigen Eigenschaften und das* 3.b *Gleichungssystem*

$$\begin{cases} 1.\ p(0) = 0 \\ 2.\ p(2) = 4 \\ 3.\ p'(2) = 0 \\ 4.\ p'(-2) = -4 \\ 5.\ p'(-2) = 0 \end{cases} \Rightarrow \begin{cases} 1.\ 0 = 0 \\ 2.\ 32a + 8c + 2e = 4 \\ 3.\ 80a + 12c + e = 0 \\ 4.\ -32a - 8c - 2e = -4 \\ 5.\ 80a + 12c + e = 0 \end{cases}$$

Gleichung 1. ist allgemeingültig, sie bindet keinen der Parameter. Die Gleichungen 2., 4. bzw. 3., 5. sind gleichwertig – klar, denn sie sind der Ausdruck der Punktsymmetrie! Das System reduziert sich auf:

$$\begin{cases} 2.\ 16a + 4c + e = 2 \wedge \\ 3.\ 80a + 12c + e = 0 \end{cases} \Leftrightarrow \begin{cases} 2.\ 16a + 4c + e = 2 \\ 3.\ 64a + 8c = -2 \end{cases} \quad | 3. - 2.$$

$$\begin{cases} 2.\ 16a + 4c + e = -2 \\ 3.\ c = -\frac{1}{4} - 8a \end{cases} \Leftrightarrow \begin{cases} 2.\ e = 3 + 16a \\ 3.\ c = -\frac{1}{4} - 8a \end{cases} \quad | 2.; 3.$$

Die Parameter c und e bestimmen sich durch a; a ist frei wählbar. Es gibt viele, unendlich viele zum Nullpunkt symmetrische Polynomfunktionen 5. Grades mit den genannten Eigenschaften. Sie bilden eine ganze Funktionenschar und sind von der Form:

$p(x) = ax^5 + \left(-\frac{1}{4} - 8a\right)x^3 + (3 + 16a)x.$

Tipp Wir empfehlen, den einen oder anderen konkreten Wert für a zu wählen, die zugehörige Funktion zu diskutieren und ihren Graphen zu zeichnen.

Gesucht – eine gebrochene Funktion

Beispiel

Gesucht ist eine Funktion mit folgenden Eigenschaften:

Ihr Funktionsterm ist von der Form $g(x) = \frac{ax + b}{cx^2 + dx + e}$. Ihr Graph verläuft durch den Nullpunkt, in den Punkten $(2 \mid 4)$ und $(-2 \mid -4)$ hat er waagerechte Tangenten.

1. Der Ansatz

Er ist hier vorgegeben: $g(x) = \frac{ax + b}{cx^2 + dx + e}$.

Die Ableitung: $g'(x) = \frac{-acx^2 - 2bcx + ae - bd}{(cx^2 + dx + e)^2}$

2. Die Eigenschaften und 3. Das Gleichungssystem

Die Eigenschaften sind mehrfach ausformuliert worden; wir erstellen sofort das Gleichungssystem:

$$\begin{cases} 1.\ \dfrac{a0 + b}{c0^2 + d0 + e} = 0 \wedge \\ 2.\ \dfrac{a2 + b}{c2^2 + d2 + e} = 4 \wedge \\ 3.\ \dfrac{-ac2^2 - 2bc2 + ae - bd}{(c2^2 + d2 + e)^2} = 0 \wedge \\ 4.\ \dfrac{a(-2) + b}{c(-2)^2 + d(-2) + e} = -4 \wedge \\ 5.\ \dfrac{-ac(-2)^2 - 2bc(-2) + ae - bd}{(c(-2)^2 + d(-2) + e)^2} = 0 \end{cases}$$

4. Das Lösen des Gleichungssystems

$$\Leftrightarrow \begin{cases} 1.\ b = 0 \wedge \\ 2.\ 2a + b = 16c + 8d + 4e \wedge \\ 3.\ -4ac - 4bc + ae - bd = 0 \wedge \\ 4.\ -2a + b = -16c + 8d - 4e \wedge \\ 5.\ -4ac + 4bc + ae - bd = 0 \end{cases} \quad \Leftrightarrow \begin{cases} 1.\ b = 0 \wedge \\ 2.\ 2a = 16c + 8d + 4e \wedge \\ 3.\ -4ac + ae = 0 \wedge \\ 4.\ -2a = -16c + 8d - 4e \wedge \\ 5.\ -4ac + ae = 0 \end{cases}$$

$$\Leftrightarrow \begin{cases} 1.\ b = 0 \wedge \\ 2.\ 2a = 16c + 8d + 4e \wedge \\ 3.\ e = 4c \wedge \\ 4.\ d = 0 \wedge \qquad | 4.;\ 2. \\ 5.\ e = 4c \end{cases} \quad \Leftrightarrow \begin{cases} 1.\ b = 0 \wedge \\ 2.\ a = 16c \wedge \qquad | 2.;\ 3.;\ 4. \\ 3.\ e = 4c \wedge \\ 4.\ d = 0 \wedge \\ 5.\ e = 4c \end{cases}$$

Die Rechnung führt zu $g(x) = \frac{16cx}{cx^2 + 4c} = \frac{16x}{x^2 + 4}$.

Die Überprüfung zeigt, dass die Funktion g allen genannten Bedingungen genügt. Auch ihr Graph findet sich auf Seite 96.

Roter Faden

Wie bestimmt man Funktionen mit vorgegebenen Eigenschaften?	
1. Der Ansatz	▶ Um welchen Funktionstyp geht es? ▶ Welche Form hat der Funktionsterm? ▶ Welche Parameter sind anzusetzen?
2. Die Eigenschaften	▶ Gibt es Symmetrien? ▶ Sind Funktionswerte bekannt? ▶ Welche Angaben betreffen die 1. Ableitung, welche die 2. Ableitung?
3. Das Gleichungssystem	Jede einzelne Eigenschaft wird mithilfe der Funktion und ihrer Ableitungen in eine Gleichung umgesetzt.
4. Das Lösen des Systems	Hilfreich sind das Eliminations- und das Additionsverfahren. Ein Gleichungssystem kann keine, genau eine oder unendlich viele Lösungen haben.
5. Die Kontrolle	Überprüfen Sie das Rechenergebnis, ob es allen Bedingungen genügt.

1 Polynomfunktionen 2. Grades

a) Eine Polynomfunktion 2. Grades hat in $(-1 \mid -8)$ ein Minimum. $(3 \mid 0)$ ist eine Nullstelle. Übertragen Sie diese Eigenschaften in ein Koordinatensystem und skizzieren Sie den Graphen. Bestimmen Sie die Funktion, die diese Eigenschaften besitzt.

b) Eine andere Polynomfunktion 2. Grades hat bei 4 ein Maximum und bei −2 eine Nullstelle. Der Anstieg in der Nullstelle beträgt 3. Wie lautet diese Funktion?

2 Gesucht wird eine Polynomfunktion 2. Grades ...

... mit folgenden Eigenschaften: In $(-4 \mid -8)$ hat sie ein Minimum, außerdem verläuft sie durch den Nullpunkt und den Punkt $(2 \mid 4)$.

a) Begründen Sie zeichnerisch, weshalb eine solche Funktion wahrscheinlich gar nicht existiert.

b) Zeigen Sie rechnerisch, dass es eine solche Funktion nicht geben kann.

3 Der Graph einer Polynomfunktion 4. Grades ...

... verläuft durch $(0 \mid 1)$ und hat dort den Anstieg −2. In $(1 \mid 0)$ hat sie einen Wendepunkt mit waagerechter Tangente.

a) Wie lautet diese Funktion?

b) Zeichnen Sie ihren Graphen.

4 Die Abbildung zeigt eine Schar von Polynomfunktionen 4. Grades.

a) Welche Eigenschaften sind allen Funktionen dieser Schar gemeinsam?

b) Durch welchen Funktionsterm wird diese Schar beschrieben?

c) Welche dieser Funktionen hat ihr Maximum in $(2 \mid 2)$?

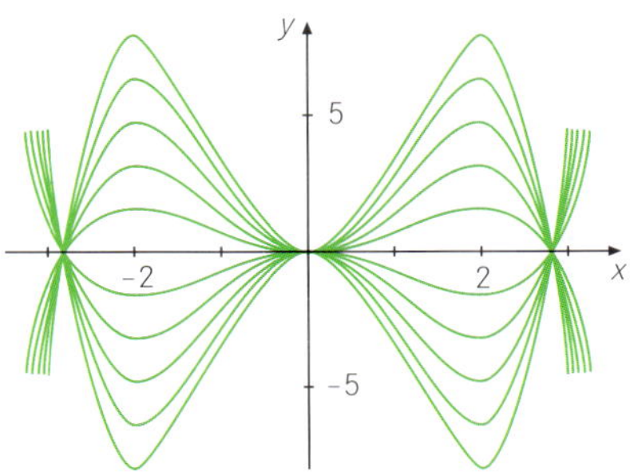

5 Welche Funktion der Form $g(x) = \frac{ax + b}{cx + d}$ hat in ihrer Nullstelle $x = 3$ den Anstieg −1 und ist bei $x = 2$ nicht definiert?

6 Von einer Funktion der Form $f(x) = (ax^2 + bx - c)\,e^x$ ist Folgendes bekannt:

Sie schneidet die y-Achse an der Stelle 1 und hat dort den Anstieg −2. An der Stelle −1 hat sie ein Extremum. Bestimmen Sie die Funktion und zeichnen Sie ihren Graphen.

Test Kapitel 10

1 **Den Graphen sind unterschiedliche Eigenschaften zugeordnet. Welche treffen zu?** |9|

	$a(x) = -x^3 + 3x^2$	$b(x) = (x^2 - 4)^2$	$c(x) = \frac{x^2}{4} + \frac{4}{x}$	$d(x) = xe^{-x}$	$e(x) = \pi x + \cos \pi x$
Geht durch P	$P(-3\mid 0)$ ☐	$P(0\mid -16)$ ☐	$P(0\mid 0)$ ☐	$P(1\mid e)$ ☐	$P(1\mid \pi)$ ☐
Tangente in Q	$Q(2\mid 4)$; $y = x + 2$ ☐	$Q(-1\mid 9)$; $y = 12x + 23$ ☐	$Q(2\mid 1)$; $y = 2x + 1$ ☐	$Q(0\mid 0)$; $y = \frac{x}{e}$ ☐	$Q(0\mid 1)$; $y = \pi x + \pi$ ☐
Hochpunkt H	$H(0\mid 0)$ ☐	$H(2\mid 0)$ ☐	$H(-2\mid -3)$ ☐	$H\left(1\mid \frac{1}{e}\right)$ ☐	$H\left(\frac{1}{2}\mid \frac{\pi}{2}\right)$ ☐
Wendepunkt W	$W(1\mid 2)$ ☐	$W\left(\frac{2\sqrt{3}}{3}\mid \frac{64}{9}\right)$ ☐	$W(4\mid -3)$ ☐	$W\left(2\mid \frac{2}{e}\right)$ ☐	$W\left(\frac{3}{2}\mid \frac{3\pi}{2}\right)$ ☐

2 **Welche Polynomfunktion der Form $p(x) = ax^3 + bx^2$ hat folgende Eigenschaften:** |9|

a) Ihr Graph verläuft durch $(2\mid 2)$ und $(-4\mid 0)$.
b) Ihr Graph hat in $(1\mid 1)$ die Steigung 1996.
c) Ihr Graph hat in $x = 0$ und $x = 4$ waagerechte Tangenten.
d) Ihr Graph hat in $(1\mid -1)$ einen Wendepunkt.

3 **Der Graph einer Polynomfunktion 4. Grades soll folgende Eigenschaften haben:** |9|

▷ Er soll symmetrisch zur y-Achse sein.
▷ Er soll die y-Achse in der Höhe 1 schneiden.
▷ Er soll an der Stelle $x = 2$ den Anstieg 6 und bei $x = 1$ einen Wendepunkt haben.

Lassen sich diese Eigenschaften realisieren? Wie heißt ggf. der Funktionsterm?

4 **Die Funktionen mit $f(x) = \cos x$ und $g(x) = a \cos(bx - c)$ sind miteinander verwandt.** |9|

a) Vergleichen Sie die beiden zugehörigen Graphen und erläutern Sie die Bedeutung der Parameter a, b und c.
b) Wie sind die Parameter a, b, und c zu wählen, damit der Graph $g(x) = a \cos(bx - c)$ die y-Achse bei 2 schneidet, die Amplitude 4 und die Periodenlänge 6 hat?

||36||

Wie viele Punkte haben Sie? Erreichen Sie mehr als 29 Punkte, beherrschen Sie den Inhalt des Kapitels wirklich gut. Erreichen Sie weniger als 14 Punkte, dann sollten Sie dieses Kapitel wiederholen.

Was Sie schon können müssen:

Mathematisieren – hier wird es unerlässlich:
- ▷ Was ist die Problemstellung?
- ▷ Welche Größen bestimmen das Problem?
- ▷ Welche Bedingungen sind zu berücksichtigen?
- ▷ Wie lässt sich all das formelmäßig fassen?

Und dann die mathematischen Werkzeuge:
- ▷ Funktionsbegriff und Umgang mit Funktionen
- ▷ Ableitung und das Arbeiten mit Ableitungen
- ▷ Nutzung der Ableitung zur Ermittlung von Extrema von Funktionen

Darum geht es

Optimierungsprobleme mithilfe der Differentialrechnung lösen

11.1 So groß wie möglich

Beispiel

Onkel Otto hat, um die mathematischen Ambitionen seines Neffen Florian zu fördern, in seinem Testament verfügt: „... und mein Neffe Florian darf sich unten am Bach ein rechteckiges Grundstück abstecken, so groß, wie er es mit 500 m Zaun eingrenzen kann."

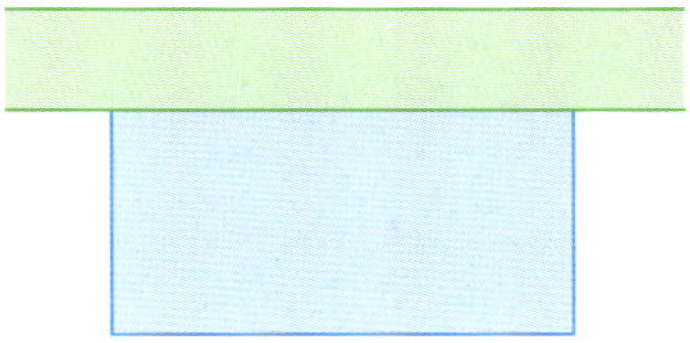

Florian möchte und sollte dieses Geschenk bestmöglich nutzen – genau das entspricht auch der Absicht des Onkels. „Bestmöglich" bedeutet hier, dass er ein möglichst großes Grundstück wählt. Dabei muss er eine Bedingung respektieren: Die Zaunlänge muss 500 m betragen – keinesfalls mehr! Und eingezäunt wird natürlich nur auf drei Seiten, denn wer wird ein Ufer mit einem Zaun verbauen!

Lösung

Sie vollzieht sich bei Problemen dieser und ähnlicher Art im Prinzip stets auf gleiche Weise und lässt sich in folgende Lösungsschritte zerlegen:

1. Problemstellung

Der voreilige Griff nach der Lösung ist eher schädlich als nützlich. Für ein zielgerichtetes Vorgehen ist es unabdingbar, sich folgende Fragen zu stellen:
Was ist das Problem? Worum geht es?
Was ist der zentrale Begriff?
Von welchen Größen ist er abhängig?
Wie hängen die verschiedenen Größen miteinander zusammen?
Hier geht es um Rechtecksflächen.
Ihre Flächeninhalte hängen ab von der Länge und Breite.

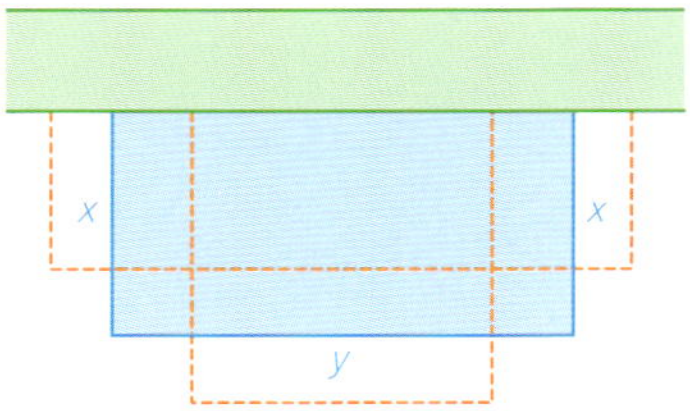

2. Zielfunktion

Das Problem wird in eine mathematische Formelsprache übersetzt. Ziel ist die Herstellung einer möglichst großen Rechtecksfläche F. Bezeichnet man die Breite mit x und die Länge mit y, so erhält man die Zielfunktion:
$F(x, y) = x \cdot y$.

3. Nebenbedingungen

Breite x und Länge y dürfen nicht beliebig gewählt werden. Sie sind durch die Bedingung miteinander verkoppelt, dass die Zaunlänge 500 m betragen muss. Dies führt zur Nebenbedingung:
$2x + y = 500$.

4. Reduzierung auf eine Variable

Die Schreibweise $F(x, y)$ weist aus, dass die Zielfunktion eine Funktion von zwei Variablen ist. Sie wird mithilfe der Nebenbedingung auf eine Funktion mit nur einer Variablen reduziert:
$F(x, y) = x \cdot y$
$y = 500 - 2x$
Die Variable y lässt sich ersetzen: $F(x) = x \cdot (500 - 2x)$.
Die Funktion F ist erst dann vollständig erfasst, wenn auch ihr Definitionsbereich abgeklärt ist. Man erhält ihn durch die Überlegung, dass weder Längen noch Flächeninhalte negativ sein können. Es muss daher $x > 0$ und $y = 500 - 2x > 0$ gelten, d. h.: $0 < x < 250$.
Damit ist die Übersetzung in die mathematische Formelsprache abgeschlossen:
Gesucht ist das Maximum der Funktion: $F : x \to F(x) = 500x - 2x^2$ mit $D =]0; 250[$.

5. Berechnung der Extremwerte

Nach dieser Aufbereitung lässt sich das Extremwertproblem auf unterschiedliche Weise lösen:
a) mit Wertetabelle und Graph.
Der Taschenrechner unterstützt diese Fleißarbeit, die grafische Darstellung lässt die Extrema unmittelbar erkennen.
b) mit Differentialrechnung.
Maxima (und auch Minima) einer Funktion lassen sich mithilfe der Ableitungen ermitteln. Diese Methode hat den Vorzug, exakte Lösungen zu liefern.

a) *Wertetafel und Graph*

x	$F(x)$
0	0
20	9 200
40	16 800
60	22 800
80	27 200
100	30 000
120	31 200
140	30 800
160	28 800
180	25 200
200	20 000
220	13 200
250	0

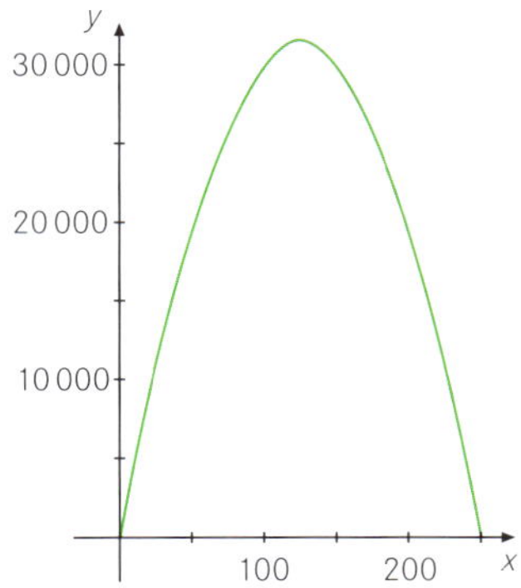

Wertetafel und Graph lassen erkennen:
Das Maximum wird bei der Breite von ca. 120 m und der Länge von ca. 260 m angenommen.
Es beträgt ca. 31 200 m².

b) *Methode der Differentialrechnung*

F hat ein Maximum, wenn
$F'(x) = 0$ und
$F''(x) < 0$.
Es ist:
$F(x) = 500x - 2x^2$
$F'(x) = 500 - 4x$
$F''(x) = -4$
$F'(x) = 0 \Leftrightarrow 500 - 4x = 0$
$\Leftrightarrow x = 125$
$F''(125) = -4 < 0$
$F'(125) = 0$ und $F''(125) < 0$ garantieren, dass $x = 125$ Maximumstelle ist.

Das Rechteck der Breite 125 m und der Länge 250 m hat den maximalen Flächeninhalt.
Er beträgt 31 250 m².

1 Umzäunung einer Koppel

a) Auf einem großen, freien Weideland soll eine rechteckige Koppel eingerichtet werden. Für die Umzäunung stehen 500 m Zaun zur Verfügung. Bei welchen Abmessungen wird die Koppel möglichst groß?

b) Ein anderer Bauer will eine rechteckige Koppel von 5 000 m² einzäunen. Bei welchen Abmessungen braucht er möglichst wenig Zaun?

2 Einzäunung eines Gartens

Es soll ein rechteckiger Garten angelegt und eingezäunt werden. Eine 40 m lange Mauer steht bereits und soll in ganzer Länge als Einzäunung genutzt werden. Die zusätzliche Umzäunung soll 80 m betragen. Wie sind die Abmessungen zu wählen, damit die Gartenfläche möglichst groß wird?

3 Zylinderförmiges Paket

Der Paketdienst EUROTRANS befördert zylinderförmig verpackte Güter nur dann, wenn Länge und Umfang der Packung zusammen höchstens 120 cm betragen. In der Versandabteilung einer Firma überlegt man: Bei welchen Abmessungen ist das Volumen der Zylinder möglichst groß?

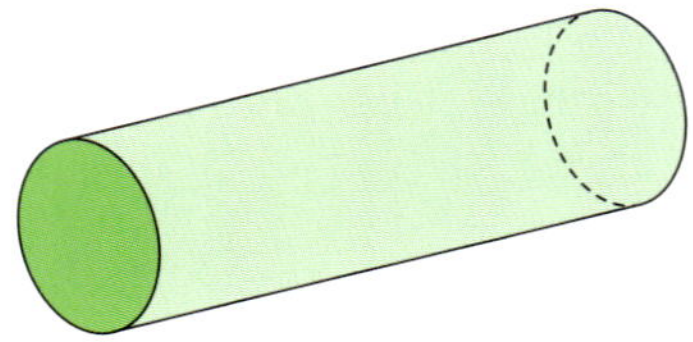

11.2 So schnell wie möglich

Beispiel:

Tommy sitzt im Boot auf einem See, 2 km von der nächsten Uferstelle N entfernt. Er will zum Dorf D, so schnell wie möglich. Mit dem Boot kommt er 3 km pro Stunde voran, längs des Ufers zu Fuß geht er mit 5 km pro Stunde (siehe Abbildung). Zu welcher Stelle S muss er rudern, damit er möglichst schnell ins Dorf D kommt?

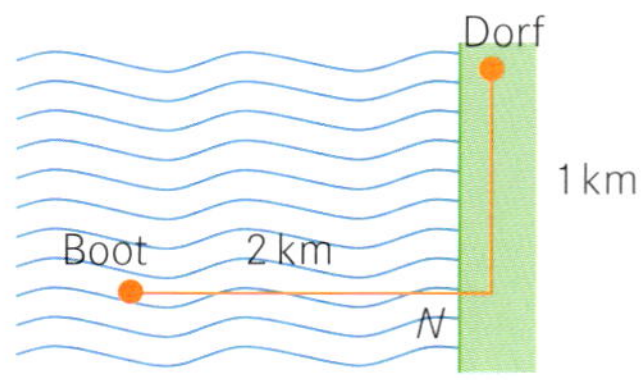

Lösung

1. Problemstellung

Es geht darum, möglichst schnell nach D zu kommen. Der gerade Weg von B nach D ist zwar der kürzeste, aber möglicherweise nicht der schnellste; denn hier muss längs des ganzen Weges gerudert werden – und das dauert!

Die Ruderstrecke kann verkürzt werden, wenn man einen Umweg über eine Stelle X zwischen N und D wählt. Dann muss allerdings noch ein Stück Fußweg in Kauf genommen werden – aber zu Fuß geht's schneller!

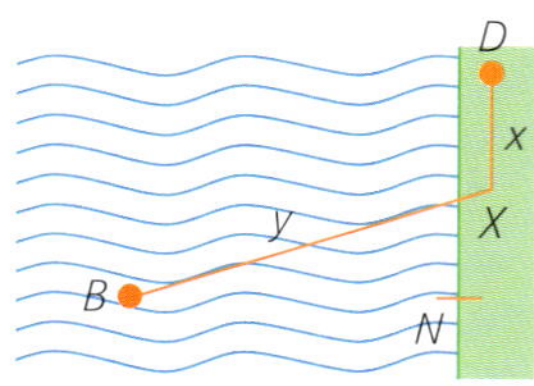

Es geht also um die Zeit t, um die Zeit t_w auf dem Wasser und um die Zeit t_u längs des Ufers. Diese Zeiten hängen ab von der Länge $y = |BX|$ zu Wasser und der Länge $x = |XD|$ längs des Ufers.

2. Zielfunktion

Ziel ist es, die Gesamtzeit $t = t_w + t_u$ zu minimieren. Diese Zeiten hängen ab von den zurückgelegten Strecken y und x sowie den Geschwindigkeiten $3\,\frac{\text{km}}{\text{h}}$ bzw. $5\,\frac{\text{km}}{\text{h}}$. Geschwindigkeit v ist – die Einheit Kilometer pro Stunde weist darauf hin – der Quotient von Weg und Zeit; d. h.:
$t(x, y) = \frac{y}{3} + \frac{x}{5}$.

3. Nebenbedingung

Die Längen y und x sind nicht unabhängig voneinander. y lässt sich mithilfe des PYTHAGORAS durch x ersetzen: $y^2 = 2^2 + (1 - x)^2$.

4. Reduzierung auf eine Variable

Wegen $y = \sqrt{4 + (1 - x)^2}$ gilt für die Zielfunktion: $t(x) = \frac{1}{3}\sqrt{4 + (1 - x)^2} + \frac{x}{5}$.
X muss zwischen *N* und *D* liegen. Da diese Stellen 1 km voneinander entfernt sind, ist $0 \leq x \leq 1$; d. h.: $D = [0; 1]$.

5. Berechnung der Extrema

Der besseren Anschauung wegen begnügen wir uns auch hier nicht mit der Rechnung allein. Wir erstellen für *t* zusätzlich eine Wertetafel und zeichnen den zugehörigen Graphen.

a) *Wertetafel und Graph*

x	$t(x)$
0	0,745
0,1	0,751
0,2	0,758
0,3	0,766
0,4	0,776
0,5	0,787
0,6	0,800
0,7	0,814
0,8	0,830
0,9	0,847
1,0	0,867

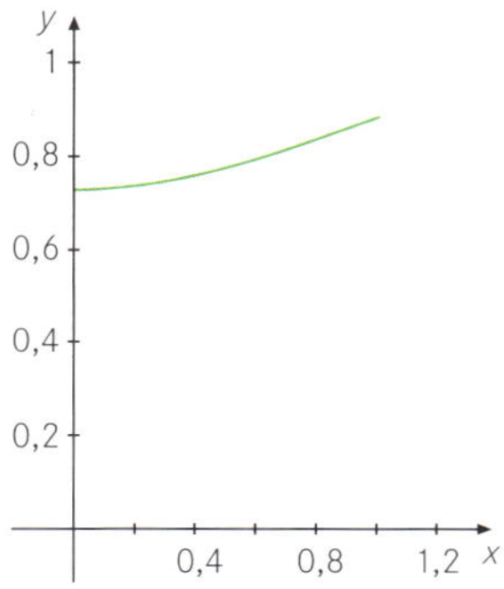

b) *Methode der Differentialrechnung*

$t'(x) = \left[\frac{1}{3} \cdot \sqrt{4 + (1 - x)^2} + \frac{x}{5}\right]'$

$= -\frac{1}{3} \frac{1 - x}{\sqrt{4 + (1 - x)^2}} + \frac{1}{5}$

Bedingung für Extrema:

$t'(x) = 0$

$\Leftrightarrow -\frac{1}{3} \cdot \frac{1 - x}{\sqrt{4 + (1 - x)^2}} + \frac{1}{5} = 0$

$\Leftrightarrow \frac{5}{3}(1 - x) = \sqrt{4 - (1 - x)^2}$

$\Rightarrow \frac{25}{9}(1 - x)^2 = 4 + (1 - x)^2$

$\Rightarrow \frac{16}{9}(1 - x)^2 = 4$

$\Rightarrow x = -\frac{1}{2} \vee x = \frac{5}{2}$

Ein bemerkenswertes Ergebnis!
Die „Lösungen" gehören nicht zu $D = [0; 1]$; die möglichen Extrema werden also nicht im Innern des Definitionsbereichs angenommen.
Graph und Wertetafel zeigen: Das Minimum wird nicht im Innern des Definitionsbereichs angenommen. Im Innern gibt es keine Stelle mit waagerechter Tangente. Das Minimum wird am Rand $x = 0$ angenommen.
Die Rechnung zeigt: Im Innern des Definitionsbereichs gibt es keine Stelle mit waagerechter Tangente! Dennoch gibt es ein Minimum! Es wird am Rand $x = 0$ ($y \approx 0{,}745$) angenommen.

Merke

Die Ableitungskriterien liefern lediglich innere Extrema. Extrema können aber auch am Definitionsrand liegen.
Bei der Extremwertbestimmung sind deshalb stets auch die Randwerte zu berücksichtigen.

1 Ein Radfahrer will von A nach B.
Auf der geradlinigen Straße $\overline{AC}$ fährt er mit der Geschwindigkeit $15\,\frac{km}{h}$. In dem Gelände seitwärts muss er zu Fuß gehen, er kommt mit $5\,\frac{km}{h}$ voran. An welcher Stelle x sollte er die Straße verlassen und zu Fuß weitergehen, um möglichst schnell nach B zu gelangen?

11.3 So preiswert wie möglich

Beispiel:
Ein Supermarkt will einen rechteckigen, 4 000 m^2 großen Parkplatz anlegen. Drei Seiten der Umzäunung werden, mit Ausnahme der 8 m breiten Einfahrt, durch einen Holzzaun gebildet; der laufende Meter kostet 20 Euro. Die vierte Seite muss gemauert werden; dafür betragen die Kosten pro laufenden Meter 80 Euro. Bei welchen Abmessungen werden die Kosten für die Umzäunung minimal?

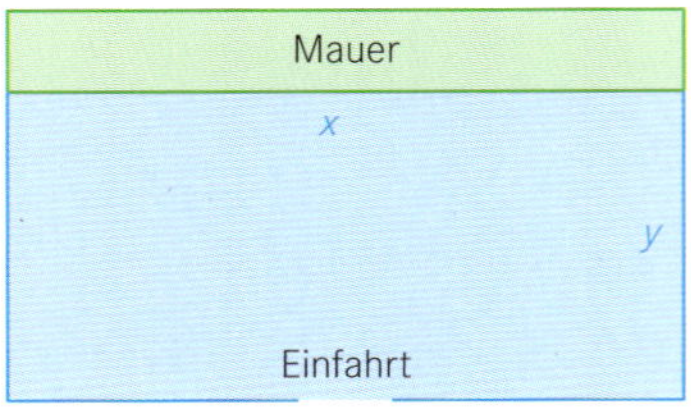

Lösung

1. Problemstellung
Hier geht es um die Kosten der Umzäunung. Sie hängen von Länge und Breite des rechteckigen Parkplatzes ab.

2. Zielfunktion
Die Kosten K für den Zaun sind formelmäßig zu erfassen. Sie setzen sich zusammen aus den Kosten für die Steinmauer und den Kosten für den Holzzaun; d. h.:
$K(x, y) = 80x + 20(2y + x - 8)$.

3. Nebenbedingung
Bedingung ist, dass der Parkplatz 4 000 m^2 groß wird; d. h.: $x \cdot y = 4\,000$.

4. Reduzierung auf eine Variable
Die Nebenbedingung $y = \frac{4\,000}{x}$ erlaubt, die Zielfunktion mit nur einer Variablen zu schreiben:

$$K(x) = 80x + 20\left(\frac{8\,000}{x} + x - 8\right).$$

Der Definitionsbereich erschließt sich aus der Überlegung, dass weder Länge x noch Breite y negativ sein dürfen. Gesucht ist das Minimum der Funktion:
$K(x) = 100x + \frac{160\,000}{x} - 160$ mit $D = \,]0; \infty[$.

5. Berechnung der Extremwerte
Das Kostenminimum lässt sich – näherungsweise – aus Wertetafel und Graph entnehmen. Die exakte Lösung erhält man mithilfe der Ableitungen bzw. der Randwerte.

a) *Wertetafel und Graph*

x	$K(x)$
10	16 840
20	9 840
30	8 173
40	7 840
50	8 040
60	8 507
70	9 127
80	9 840
90	10 618
100	11 440
…	…

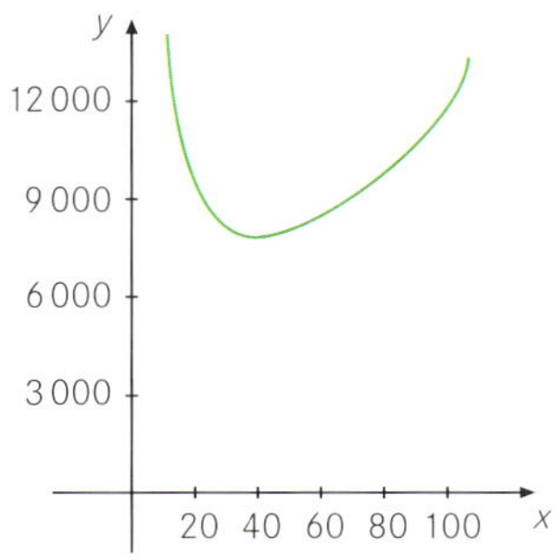

Die geringsten Zaunkosten – das zeigen Wertetafel und Graph – fallen bei $x \approx 40$ m an.

b) *Methode der Differentialrechnung*

$$K'(x) = \left(100x + \frac{160\,000}{x} - 160\right)' = 100 - \frac{160\,000}{x^2}$$

$$K''(x) = \left(100 - \frac{160\,000}{x^2}\right)' = \frac{320\,000}{x^3}$$

Minimumbedingung:
$K'(x) = 0$ und $K''(x) > 0$

$$K'(x) = 0 \iff 100 - \frac{160\,000}{x^2} = 0 \iff x = 40$$

$$K''(40) = \frac{320\,000}{40^3} > 0$$

Randwerte: Die Kosten am Definitionsrand wachsen ins Unermessliche; d. h.: Die geringsten Zaunkosten entstehen bei $x = 40$ m. Sie betragen 7.840 Euro.

1 Zaun für eine Koppel

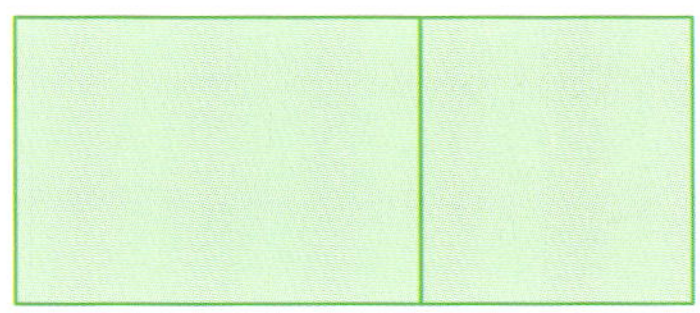

a) Es soll eine rechteckige Koppel von 4 800 m² eingezäunt und dann in 2 Weiden unterteilt werden. Die Kosten für den Zaun betragen 20 Euro pro Meter. Welche Abmessungen muss die Koppel haben, damit die Zaunkosten möglichst gering ausfallen?

b) Nehmen wir nun an, dass die Kosten für die äußere Umzäunung 25 Euro pro Meter, die für die Unterteilung 15 Euro pro Meter betragen. Welche Abmessungen wird man jetzt wählen?

2 Zeitungsinserat

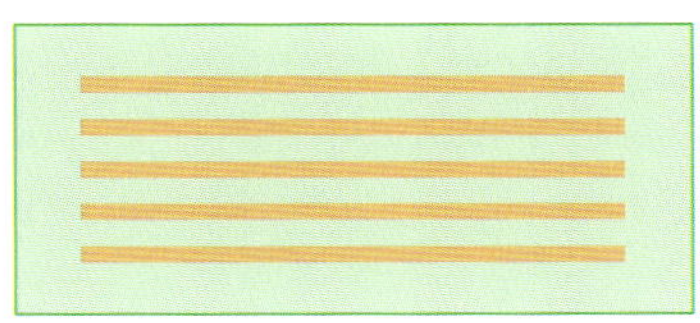

Eine Firma inseriert regelmäßig in einer Tageszeitung im Format 15 cm × 6 cm. Die Zeitung verlangt 5 Euro pro Quadratzentimeter – auch für den freien Rand ringsum, der mindestens 1 cm breit sein muss. Die Firmenleitung überlegt:

a) Lässt sich in einem Inserat anderen Formats bei gleichen Kosten gleich viel oder gar mehr Text unterbringen?

b) Lassen sich in einem Inserat anderen Formats bei gleichem Text die Kosten verringern?

11.4 So nah wie möglich

Beispiel:

Nordöstlich eines Dorfes führt eine Bahnlinie entlang. Wo ist der Bahnhof anzulegen, damit er so nah wie möglich am Dorfe liegt?
In einem Koordinatensystem liegt das Dorf im Nullpunkt; die Bahnlinie wird – stark vereinfacht – durch $f(x) = \frac{4}{x}$ beschrieben.

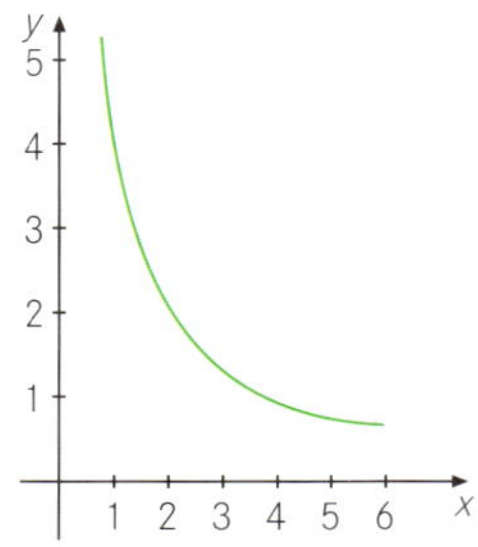

Lösung

1. Problemstellung

Man erkennt: Der Bahnhof sollte weder in stark nördlicher noch in stark östlicher Richtung gebaut werden; in diesen Richtungen ist die Entfernung zur Bahnlinie groß. Ein wenig Augenmaß und die günstigste Lage ist ziemlich genau fixiert!

2. Zielfunktion

Die Lage des Bahnhofs wird durch seine Koordinaten x und y bestimmt. Ziel ist es, seine Entfernung zum Nullpunkt möglichst gering zu halten; d. h.:
$e(x, y) = \sqrt{x^2 + y^2}$.

3. Nebenbedingung

Die Variablen x und y sind auch hier nicht frei wählbar. Der Bahnhof muss an der Bahnlinie liegen, deshalb hängen sie durch $y = \frac{4}{x}$ miteinander zusammen:
$y = \frac{4}{x}$

4. Reduzierung auf eine Variable

Die Nebenbedingung führt auf folgende Zielfunktion: $e(x) = \sqrt{x^2 + \frac{16}{x^2}}$.
Der Definitionsbereich erschließt sich aus dem Bedeutungszusammenhang; x kann jede positive Zahl sein; d. h.: $D =]0; \infty[$.

5. Berechnung der Extremwerte

Der Rest ist fast Routine! $e'(x) = 0$ hat als Lösung $x = 2$. Dies ist inneres Minimum, weil $e''(2) = \sqrt{2} > 0$ gilt. Und da $e(x)$ am Rand – sowohl für $x \to 0$ als auch für $x \to \infty$ – ins Unermessliche wächst, erhält man für $x = 2$ tatsächlich das Minimum von e.
Die Berechnung der Ableitungen ist hier etwas mühsam und deshalb auch fehleranfällig.
Eine simple Überlegung mindert den Rechenaufwand!
Wenn $e(x)$ klein ist, dann ist auch $e^2(x)$ klein, wenn $e(x)$ groß ist, dann ist auch $e^2(x)$ groß.
(Vorsicht: Dies gilt nur dann, wenn hier die Funktionswerte durchweg positiv sind!)
Wir berechnen deshalb nicht das Minimum der Funktion e, sondern sozusagen stellvertretend jenes der Funktion $E = e^2$: $E(x) = e^2(x) = x^2 + \frac{16}{x^2}$ mit $D =]0; \infty[$.

Wir verzichten auch hier nicht auf Wertetafel und Graph – für die Rechnung sind sie unwesentlich, der Anschauung und dem Verständnis hingegen überaus dienlich.

a) *Wertetafel und Graph*

x	$E(x)$
0,1	1 600,01
0,2	400,04
0,3	177,87
0,4	100,16
0,5	64,25
1	17,00
1,5	9,36
2	8,00
2,5	8,81
3	10,77
4	17,00
5	26,64
10	100,16
20	400,04
...	...

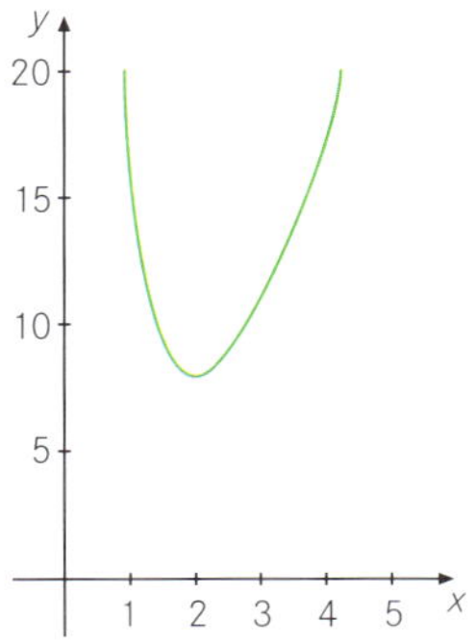

Für $x = 2$ wird – so Wertetafel und Graph – die Entfernung vom Dorf zur Bahnlinie minimal.

b) *Rechnerische Lösung*

Die Ableitungen:

$E'(x) = \left(x^2 + \frac{16}{x^2}\right)' = 2x - \frac{32}{x^3}$

$E''(x) = 2 + \frac{96}{x^4}$

Bedingung für Extrema:

$E'(x) = 0 \Leftrightarrow 2x - \frac{32}{x^3} = 0 \Rightarrow x = 2$

$E''(2) = 8 > 0$

$\Rightarrow$ Das innere Minimum liegt bei $x = 2$.

Bei $x = 2$ ist tatsächlich das Minimum, da die Funktionswerte am Rand ins Unermessliche wachsen.

Die Rechnung bestätigt das vorläufige Ergebnis von Wertetafel und Graph. Die kürzeste Entfernung ergibt sich für $x = 2$. Der Bahnhof sollte an der Stelle $(2 \mid 2)$ geplant werden; die Entfernung zum Dorf beträgt dann:

$e(2) = \sqrt{8} \approx 2{,}83$.

Ein Tipp für die Praxis

Die Funktionen f und $c \cdot f$ haben an den gleichen Stellen ihre Maxima bzw. Minima – falls die Konstante c positiv ist.
Die Funktionen f und f^2 haben an den gleichen Stellen ihre Maxima bzw. Minima – falls f im Definitionsbereich positiv ist.
Diese Eigenschaft ist vor allem dann von Nutzen, wenn die Extrema von $c \cdot f$ bzw. von f^2 einfacher zu berechnen sind als jene von f.

1 **Eine Kurve wird beschrieben durch $y = -\frac{1}{5}x^2 + 5$.**

a) Welche Kurvenpunkte haben zum Nullpunkt $(0 \mid 0)$ die geringste Entfernung?
b) Welche Kurvenpunkte haben zum Nullpunkt $(0 \mid -5)$ die geringste Entfernung?

11.5 So stabil wie möglich

Beispiel:

Aus einem Baumstamm vom Durchmesser 60 cm soll ein Balken herausgeschnitten werden. Bei welchen Abmessungen wird seine Tragfähigkeit möglichst groß? Die Tragfähigkeit T eines rechteckigen Balkens, so erfährt man es von Statikern, ist proportional zur Breite x und zum Quadrat der Höhe y.
Es ist also $T(x, y) = m \cdot x \cdot y^2$, wobei m eine für das Baumaterial charakteristische Konstante ist.

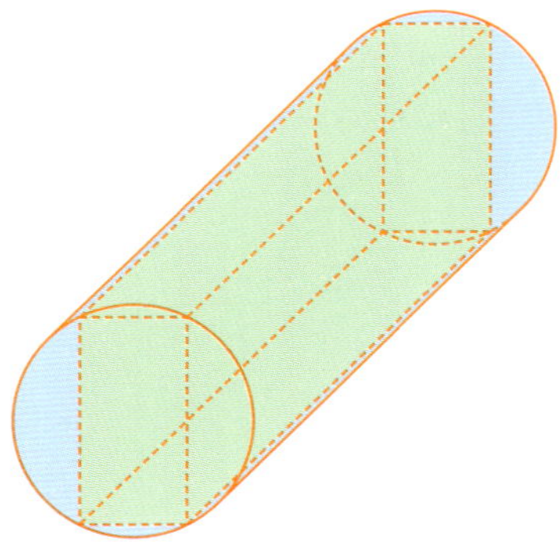

Lösung

1. Problemstellung

Tragebalken – man erkennt es beispielsweise in jedem Dachstuhl – haben stets größere Höhe als Breite. Die Höhe ist für die Tragfähigkeit weitaus bedeutsamer als die Breite. Bei welcher Höhe und welcher Breite wird sie maximal?

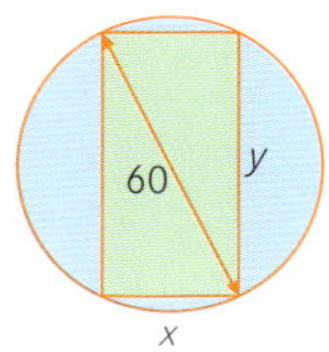

2. Zielfunktion

Ziel ist, einen Balken möglichst großer Tragfähigkeit zu erhalten. Die Tragfähigkeit lässt sich nicht auf rein mathematische Weise herleiten; hier ist Spezialwissen gefragt. Statiker geben die Tragfähigkeit formelmäßig an durch:
$T(x, y) = m \cdot x \cdot y^2$.

3. Nebenbedingung

Die für die Tragfähigkeit maßgeblichen Variablen x und y können nicht beliebig gewählt werden. Sie sind über den Baumdurchmesser gekoppelt:
$x^2 + y^2 = 60^2$.

4. Reduzierung auf eine Variable

Wegen $y^2 = 60^2 - x^2$ lässt sich die Zielfunktion mit nur einer Variablen schreiben:
$T(x) = mx(60^2 - x^2)$ mit $D =]0; 60[$.

5. Berechnung der Extremwerte

Will man auch hier den Zusammenhang von x und T konkret veranschaulichen, so hat man zunächst einen bestimmten Wert für die Materialkonstante m festzulegen, z. B. $m = 0{,}2$.

a) *Wertetafel und Graph*

x	$T(x)$
0	0
5	3575
10	7000
15	10125
20	12800
25	14875
30	16200
35	16625
40	16000
45	14175
50	11000
55	6325
60	0

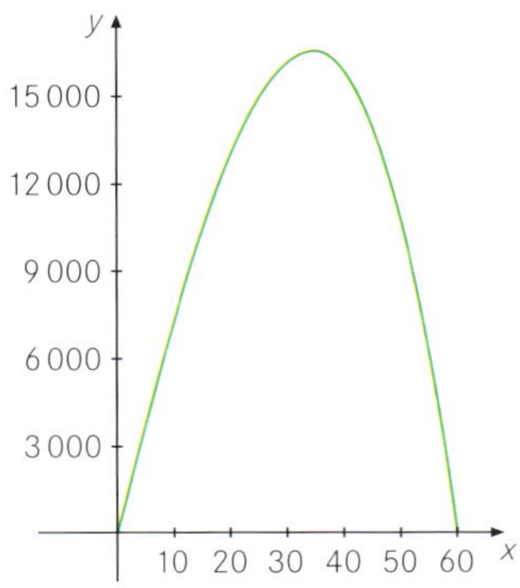

Maximale Tragfähigkeit – so Wertetafel und Graph – hat der Balken mit der Breite $x \approx 35$ cm.

b) *Rechnerische Lösung*

Die Ableitungen:

$$T'(x) = [m(60^2x - x^3)]' = m(60^2 - 3x^2)$$

$$T''(x) = [m(60^2 - 3x^2)]' = -6mx$$

Bedingung für Extrema:

$$T'(x) = 0 \Leftrightarrow m(60^2 - 3x^2) = 0$$

$$\Rightarrow x = \frac{60}{\sqrt{3}}$$

$$T''\left(\frac{60}{\sqrt{3}}\right) = -6m\frac{60}{\sqrt{3}} < 0,$$

da m eine positive Konstante ist. Wegen $T(0) = 0$ und $T(60) = 0$ kommen Randwerte als Maxima nicht in Betracht.

Der Balken maximaler Tragfähigkeit muss $\frac{60}{\sqrt{3}}$ cm $\approx 34{,}6$ cm breit und $60\sqrt{\frac{2}{3}}$ cm ≈ 49 cm hoch sein.

11.6 Roter Faden

1. Problemstellung	Wichtigster Schritt auf dem Weg zur Lösung ist ein klares Verständnis der Problemstellung: Um was geht es? Was ist gegeben? Was ist gesucht? Welche Größen spielen eine Rolle? Welche Abhängigkeiten lassen sich erkennen? Skizzen und Beispiele sind dabei sehr hilfreich.
2. Zielfunktion	Welche Größe ist zu maximieren bzw. zu minimieren? Welche Variablen haben darauf einen Einfluss? Wie lassen sich diese Abhängigkeiten fassen? Die formelmäßige Fassung dieses Zusammenhangs ergibt die Zielfunktion; sie ist meist eine Funktion von mehreren Variablen.
3. Nebenbedingungen	Die Variablen der Zielfunktion sind meist nicht unabhängig voneinander und deshalb nicht alle frei wählbar. Welche Abhängigkeiten bestehen? Die formelmäßige Fassung dieser Abhängigkeiten ergibt die Nebenbedingungen.

4. Reduzierung auf eine Variable	Die Nebenbedingungen werden genutzt, die Anzahl der Variablen in der Zielfunktion auf eine Variable zu reduzieren. Bedeutungszusammenhang und formelmäßige Darstellung erlauben, den Definitionsbereich der Zielfunktion zu bestimmen.
5. Berechnung der Extremwerte	Mithilfe der 1. und 2. Ableitung werden die Extremstellen im Innern des Definitionsbereichs berechnet und die Art der Extremstellen bestimmt. Danach werden die Randwerte untersucht. Der Vergleich zeigt, ob das Extremum im Innern oder am Rand liegt.

Test Kapitel 11

1 Übersetzen Sie in die mathematische Formelsprache. | 10 |

Geben Sie jeweils die Zielfunktion in zwei Variablen, die Nebenbedingung und die Zielfunktion in einer Variablen an.

a) Man bildet das Produkt zweier Zahlen, wobei ihre Summe stets 100 sein soll.
b) Man bildet die Summe zweier Zahlen, wobei ihr Produkt stets 100 sein soll.
c) Man untersucht die Flächeninhalte von Rechtecken, die einem Kreis mit Radius 10 einbeschrieben sind.
d) Aus einem Draht der Länge 60 wird ein quaderförmiges Kantenmodell mit quadratischer Grundfläche erzeugt. Es interessieren die Volumina dieser Quader.
e) Ein Fenster hat die Form eines Rechtecks mit aufgesetztem Halbkreis. Die Fensteröffnung soll genau 2 m^2 betragen. Es interessiert, mit welchen Längen der sehr kostenträchtigen Fenstereinfassung zu rechnen ist.

	a)	b)	c)	d)	e)
Variable *x* Variable *y*					
Zielfunktion (2 Variable)					
Neben-bedingung					
Zielfunktion (1 Variable)					

2 Schachteln |9|

a) Aus einem Karton der Größe 16 cm × 10 cm wird eine oben offene Schachtel hergestellt, indem an den Ecken gleiche Quadrate herausgeschnitten werden. Wie lang, wie breit, wie hoch ist die Schachtel größten Volumens?

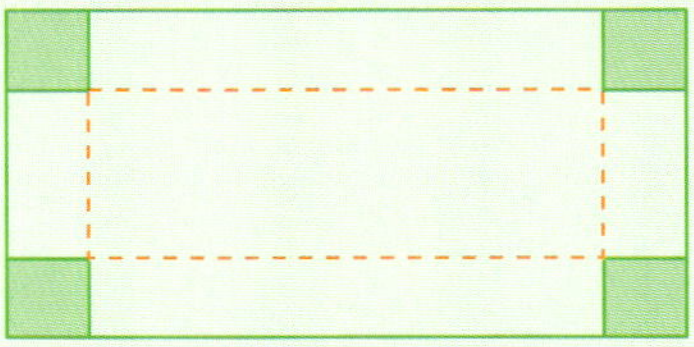

b) Jetzt wird aus dem Karton der Größe 16 cm × 10 cm eine geschlossene Schachtel hergestellt, indem vier Quadrate herausgeschnitten werden. Wie lang, wie breit, wie hoch ist jetzt die Schachtel größten Volumens?

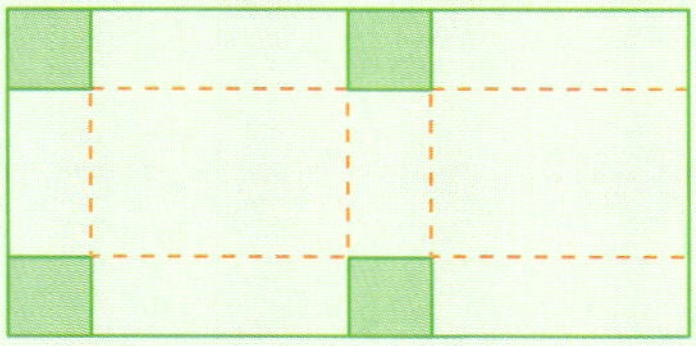

3 Eine geschlossene quaderförmige Kiste soll doppelt so lang wie breit sein. |8|

a) Ihr Volumen soll 9 m^3 betragen. Bei welchen Abmessungen hat sie die geringste Oberfläche?

b) Ihre Oberfläche soll 27 m^3 betragen. Bei welchen Abmessungen hat sie ihr größtes Volumen?

c) Ihr Volumen soll 9 m^3 betragen. Das Oberteil wird aus Metall hergestellt und kostet 20 Euro pro m^2. Der Rest wird aus Holz hergestellt und kostet 10 Euro pro m^2. Bei welchen Abmessungen sind die Kosten minimal?

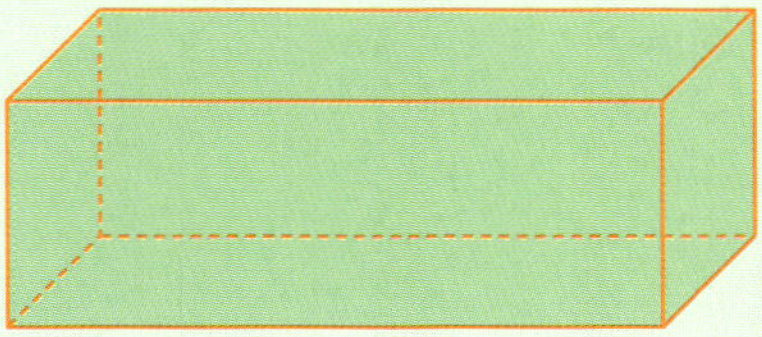

4 Ein Päckchen mit quadratischer Grundfläche soll exakt 12 000 cm^3 fassen. |8|

a) Welche Abmessungen muss man dem Päckchen geben, damit möglichst wenig Bindfaden nötig ist?

b) Welche Abmessungen muss man dem Päckchen geben, damit möglichst wenig Packpapier benötigt wird (von Überlappung des Papiers wird abgesehen)?

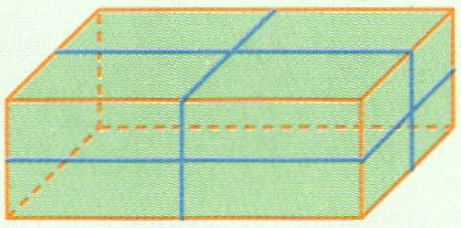

|| 35 ||

Wie viele Punkte haben Sie? Erreichen Sie mehr als 28 Punkte, beherrschen Sie den Inhalt des Kapitels wirklich gut. Erreichen Sie weniger als 14 Punkte, dann sollten Sie dieses Kapitel wiederholen.

VERZEICHNIS DER ZEICHEN UND ABKÜRZUNGEN

Bezeichnung in diesem Buch	Bedeutung
$\mathbb{N}$	Menge der natürlichen Zahlen
$\mathbb{Z}$	Menge der ganzen Zahlen
$\mathbb{Q}$	Menge der gebrochenen Zahlen
$\mathbb{R}$	Menge der reellen Zahlen
$\mathbb{R}^+$	Menge der positiven reellen Zahlen
D	Definitionsmenge
$f(x)$	Funktionswert der Funktion f an der Stelle x
$f'(x)$	1. Ableitung der Funktion f
$f''(x)$	2. Ableitung der Funktion f
$f'''(x)$	3. Ableitung der Funktion f
m	Anstieg eines Graphen
$\|x\|$	Betrag von x
$\Leftrightarrow$	... genau dann, wenn ...
$\in$	... ist Element von ...
$\notin$	... ist nicht Element von ...
$\approx$	... ist ungefähr ...
$\neq$	... ist ungleich ...
∞	unendlich
$\wedge$	und (Konjunktion)
$\vee$	oder (Disjunktion)
$\sqrt[n]{x}$	n-te Wurzel aus x
$\log_a x$	Logarithmus von x zur Basis a
$\ln x$	Logarithmus x zur Basis e (natürlicher Logarithmus)
$\lg x$	Logarithmus zur Basis 10 (dekadischer Logarithmus)
$[a; b]$	geschlossenes Intervall
$]a; b[$	offenes Intervall
$]a; b]$ bzw. $[a; b[$	links offenes bzw. rechts offenes Intervall
MIN	Minimum
MAX	Maximum
WP	Wendepunkt
NS	Nullstelle
π	Kreiszahl π (3,14159...)
e	EULER'sche Zahl (2,71828...)
Δx	Differenz der x-Koordinaten
Δy	Differenz der y-Koordinaten
$\lim\limits_{n \to \infty}$	Grenzwert einer Folge (n geht gegen unendlich)